TRAITÉ ÉLÉMENTAIRE

D'ARITHMÉTIQUE,

A L'USAGE

DE L'ÉCOLE CENTRALE

DES QUATRE-NATIONS;

PAR S. F. LACROIX.

TREIZIÈME ÉDITION,
Revue et corrigée.

PARIS,

Mᵐᵉ veuve COURCIER, Imprimeur-Libraire pour les
Mathématiques, quai des Augustins, n° 57.

1813.

AVIS DU LIBRAIRE.

Ce Traité est le premier Volume du Cours élémentaire de Mathématiques pures, de M. Lacroix; Cours qui comprend l'Arithmétique, l'Algèbre, la Géométrie, la Trigonométrie rectiligne et sphérique, ainsi que l'application de l'Algèbre à la Géométrie. On trouvera dans les Essais sur l'Enseignement, du même Auteur, l'analyse de chacune de ces Parties, auxquelles font suite, le Complément des Élémens de Géométrie, [ou Élémens de Géométrie descriptive], le Complément des Élémens d'Algèbre et le Traité élémentaire de Calcul différentiel et de Calcul intégral.

Tout Exemplaire du présent Traité, qui ne porterait pas, comme ci-dessous, les signatures de l'Auteur et du Libraire, sera contrefait. Les mesures nécessaires seront prises pour atteindre, conformément à la Loi, les fabricateurs et les débitans de ces Exemplaires.

TABLE.

FIN DE LA TABLE.

Un	I	j	
Deux	II	ij	
Trois	III	iij	
Quatre	IV	iv	
Cinq	V	v	
Six	VI	vj	
Sept	VII	vij	
Huit	VIII	viij	
Neuf	IX	ix	
Dix	X	x	
Vingt	XX	xx	
Trente	XXX	xxx	
Quarante	XL	xl	*En Suisse
Cinquante	L	l	et dans une
Soixante	LX	lx	grande
Soixante-dix	LXX	lxx	partie de la
Quatre-vingts } *	LXXX	lxxx	France, on
Quatre-vingt-dix	XC	xc	dit
Cent	C	c	*septante,*
Deux cents	CC	cc	*octante;*
Trois cents	CCC	ccc	*nonante,* ce
Quatre cents	CCCC	cccc	qui est plus
Cinq cents	D ou IƆ	d	régulier.
Six cents	DC	dc	
Sept cents	DCC	dcc	
Huit cents	DCCC	dccc	
Neuf cents	DCCCC	dcccc	
Mille	M ou CIƆ	m	
Onze cents	MC	mc	
Douze cents	MCC	mcc	
Treize cents	MCCC	mccc	
Quatorze cents	MCCCC	mcccc	
Quinze cents	MD	md	

OBSERVAT. *Tout numéro placé entre deux parenthèses, indique l'article sur lequel s'appuie celui où il est cité ; et il faut relire le premier, si l'on ne se rappelle pas le rapport qu'il peut avoir avec ce que contient le second.*

TRAITÉ

TRAITÉ ÉLÉMENTAIRE

D'ARITHMÉTIQUE.

De la Numération.

1. La comparaison des divers objets qui tombent sous nos sens, nous fait bientôt appercevoir, dans tous ces objets, un attribut (ou qualité), par lequel on peut les concevoir susceptibles d'augmentation et de diminution : cet attribut est la *grandeur*. Elle se montre en général sous deux formes différentes :

Tantôt comme une collection de plusieurs choses pareilles ou de plusieurs parties séparées; on la désigne alors par le mot *nombre :*

Tantôt comme un seul tout, sans distinction de parties : c'est ainsi que l'on conçoit la distance entre deux points, ou la longueur de la ligne qui va de l'un à l'autre ; les contours ou les enveloppes, qui déterminent la figure et l'*étendue* des corps ; enfin cette *étendue* elle-même.

Le caractère propre à cette dernière forme de la grandeur, c'est la liaison qu'on envisage dans ses parties ou leur *continuité;* tandis que dans le nombre on considère seulement combien il contient de parties, circonstance à laquelle se rapportait d'abord le mot *quantité* qu'on a ensuite appliqué à la grandeur en général, en observant d'appeler *quantité continue* la grandeur considérée sous la forme continue, pour la distinguer du nombre, qu'on nomme *quantité discrète* ou *discontinue.*

2. Tout ce qui concerne la *grandeur* est l'objet de la science appelée *Mathématiques*; les nombres sont spécialement l'objet de l'*Arithmétique*.

La grandeur continue appartient à la *Géométrie*, qui s'occupe particulièrement des propriétés que présentent les formes des corps par rapport à *l'étendue*.

3. Le nombre étant la collection de plusieurs choses pareilles, ou de plusieurs parties distinctes, suppose l'existence d'une de ces choses ou de ces parties, prise pour terme de comparaison et qu'on appelle alors *unité*.

La manière la plus naturelle de former les nombres, est de joindre d'abord une unité avec une autre, puis encore une autre avec la réunion des précédentes; et en continuant ainsi, on compose des collections d'unités, qu'on exprime par des noms particuliers : l'ensemble de ces noms, qui change d'une langue à une autre, compose la *numération parlée*.

4. Comme rien ne limite la grandeur à laquelle on peut porter le nombre, puisqu'il est toujours possible, quelque grand que soit un nombre, d'y joindre une unité de plus, on conçoit qu'il existe une infinité de nombres différens, et qu'il serait par conséquent impossible de les exprimer, dans quelque langue que ce fût, par des noms isolés ou indépendans les uns des autres.

De là sont nées les nomenclatures, dans lesquelles on a tâché de se procurer, par les combinaisons d'un petit nombre de mots assujétis à des formes régulières et par conséquent faciles à retenir, un grand nombre d'expressions distinctes.

Celles qui sont en usage dans la langue française, se tirent, à quelques expressions près, des noms assignés aux neuf premiers nombres, et de ceux que prennent ensuite les collections de *dix*, de *cent* et de *mille* unités.

En effet les unités se comptent par
un, deux, trois, quatre, cinq, six, sept, huit et *neuf;*
Les collections de dix unités ou les *dixaines*, par
*dix, vingt, trente, quarante, cinquante, soixante,
soixante et dix, quatre-vingts, quatre-vingt-dix* (*) ;
Les collections de dix dixaines, ou les *centaines*, se
comptent avec les noms affectés aux unités. On dit :
cent, deux cents, trois cents.,..........neuf cents.
Les collections de dix centaines, ou les *mille*, se comptent, soit avec les noms affectés aux neuf premiers nombres, soit par dixaines et centaines ; ainsi on dit :
mille, deux mille.,..........neuf mille,
dix mille, vingt mille, etc.
cent mille, deux cent mille, etc.
Les collections de dix centaines de mille, ou de mille fois mille, portent le nom de *millions*, et se comptent comme les mille.

Les collections de dix centaines de millions ou de mille millions, se nomment *billions*, et se comptent comme les millions (**).

Chacune des collections désignées précédemment, est considérée comme formant une *unité d'un ordre de plus en plus élevé*, à mesure qu'on s'éloigne des *unités simples*. On voit aussi que les noms de *dixaine* et de *centaine* se répètent toujours, et qu'il ne s'en introduit de

---

(*) Pour rendre régulière cette partie de la nomenclature, il faudrait, comme l'a proposé Condorcet, substituer les mots *unante* et *duante* aux mots *dix* et *vingt*, et remplacer, ainsi qu'on le fait encore dans plusieurs parties de la France, les dénominations composées, *soixante et dix, quatre-vingts* et *quatre-vingt-dix*, par les mots *septante, octante* et *nonante*. Il est à propos de remarquer que les premières sont le reste d'une ancienne manière de compter par vingtaines, et d'après laquelle on disait *six-vingt*, pour exprimer le nombre *cent-vingt*.

(**) Les billions se nomment *milliards* dans les calculs de finance.

nouveaux, tels que *mille, million, billion,* que de quatre
en quatre ordres seulement. Suivant cette loi, aux
billions on fait succéder les *trillions, quatrillions, quin-
tillions,* etc. qui ont, comme les billions, leurs dixaines
et leurs centaines.

Les nombres exprimés de cette manière, lorsqu'il
entre plus d'un mot dans leur énonciation, se trouvent
décomposés, en plusieurs des collections, ou ordres d'u-
nités, désignées ci-dessus; par exemple, le nombre exprimé par *cinq cent mille trois cent deux,* se trouve
décomposé en trois parties, qui sont *cinq centaines de
mille, trois centaines d'unités simples* et *deux de ces
dernières unités.*

5. La longueur de l'expression *en toutes lettres,*
des nombres, lorsqu'ils sont un peu grands, a fait ima-
giner des caractères, exclusivement affectés à leur
représentation abrégée ; et de là est venu l'art d'écrire
les nombres par ces caractères appelés *chiffres,* ou la
numération écrite.

Celle qui est adoptée aujourd'hui, suit une marche
à peu près analogue à la numération parlée. D'abord,
les neuf premiers nombres y sont représentés chacun
par un caractère particulier, savoir :

$$1 \quad 2 \quad 3 \quad 4 \quad 5 \quad 6 \quad 7 \quad 8 \quad 9$$
Un, deux, trois, quatre, cinq, six, sept, huit, neuf.

Quand un nombre est composé de dixaines et d'unités, on en écrit successivement, de gauche à droite, les
dixaines et les unités, par le caractère affecté à leur
nombre. Le nombre *quarante-sept,* par exemple,
s'écrit 47 : le premier chiffre à gauche, 4, marque les
quatre dixaines, et a par conséquent une valeur dix fois
plus grande que celle qu'il aurait, s'il était seul ; tandis
que le chiffre 7, placé à droite, exprimant les sept
unités, n'a que la valeur qui lui a été d'abord attachée.

On voit dans le nombre *trente-trois*, qui s'écrit 33, le chiffre 3 répété deux fois, mais avec des valeurs différentes : *le premier, vers la gauche, a une valeur dix fois plus grande que celui qui est à sa droite.*

C'est là le principe fondamental de notre numération écrite.

Si on voulait exprimer *cinquante*, ou cinq dixaines, comme il n'y a point d'unités dans ce nombre, on n'aurait à écrire que le chiffre 5, et il faudrait par conséquent désigner par une marque particulière, que dans l'expression du nombre, ce chiffre doit occuper la première place à gauche; pour cela, on mettrait à sa droite le caractère o, ou le *zéro*, qui n'a par lui-même aucune valeur, et qui ne sert qu'à remplir la place des collections d'unités qui manquent dans l'énonciation du nombre proposé, et on aurait 5o.

6. C'est avec dix caractères seulement, et la convention établie ci-dessus, sur la valeur que les chiffres tirent du rang qu'ils occupent, qu'on parvient à exprimer tous les nombres possibles.

Avec deux chiffres, on peut écrire jusqu'à neuf dixaines et neuf unités, ce qui forme 99, ou *quatre-vingt-dix-neuf*. Après ce nombre vient la centaine, qui se marque par le chiffre 1, plus avancé d'un rang vers la gauche qu'il ne le serait s'il exprimait des dixaines; et pour cela, on met deux zéros à sa droite, ce qui fait 100.

Les unités et les dixaines qu'on ajoutera ensuite pour former les nombres supérieurs à 100 prendront la place qui leur est propre; ainsi *cent un* s'écrira en chiffres 101, *cent onze* s'écrira 111. On voit dans ce nombre le même chiffre répété trois fois avec des valeurs différentes. Au premier rang, en commençant par la droite, il exprime une unité; au second une dixaine, au troisième une centaine. Il en est de même dans les nombres 222, 333, 444, etc. C'est ainsi que, par suite de la convention établie précédemment à l'égard des dixaines et des unités, *un même chiffre exprime des unités de dix en dix fois plus grandes, à mesure qu'on l'avance de la droite vers la gauche, et devient, par un simple changement de place, susceptible de représenter successivement les diverses collections d'unités qui peuvent entrer dans l'expression d'un nombre.*

7. On écrit donc un nombre sous la dictée, ou d'après son énoncé, en plaçant successivement à côté les uns des autres, en commençant par la gauche, les chiffres qui expriment les nombres d'unités de chaque collection; mais il faut avoir présent à l'esprit l'ordre dans lequel se succèdent ces collections, pour n'en omettre aucune, et remplir par des zéros la place de celles qui manquent dans l'énoncé du nombre à écrire. Si c'était, par exemple, *trois cent vingt-quatre mille neuf cent quatre*, on mettrait 3 pour les centaines de mille, 2 pour les vingt mille ou deux dixaines de mille, 4 pour les mille, 9 pour les centaines; et comme immédiatement après les centaines viennent les dixaines, qui manquent dans le nombre proposé, on mettrait o pour en tenir lieu, puis on poserait le chiffre 4 des unités : on aurait de cette manière 324904.

De même, avec l'attention de remplir par des zéros les places des dixaines de mille, des mille et des dixaines, qui manquent dans le nombre *cinq cent mille trois cent deux*, on écrira 500302.

8. Lorsqu'un nombre est écrit en chiffres, pour l'énoncer ou le traduire dans la langue ordinaire, il faut substituer à chacun des chiffres le mot qu'il représente, et, d'après la place qu'occupe ce chiffre, désigner la

collection à laquelle appartiennent les unités. L'exemple suivant éclaircira ceci :

$$2\ 4,\ 8\ 9\ 7,\ 5\ 2\ 1,\ 5\ 8\ 0,\ 3\ 4\ 6$$

dixaines de trillions.	
TRILLIONS.	
centaines de billions.	
dixaines de billions.	
BILLIONS.	
centaines de millions	
dixaines de millions.	
MILLIONS.	
centaines de mille.	
dixaines de mille.	
MILLE.	
centaines.	
dixaines.	
UNITÉS.	

Les chiffres de ce nombre sont partagés par des virgules, en groupes, ou *tranches*, de trois en trois, en commençant par la droite ; mais la dernière tranche à gauche, qui, dans l'exemple actuel, n'a que deux chiffres, pourra quelquefois n'en avoir qu'un seul. Chacune de ces tranches répond aux collections désignées par les mots *unité, mille, million, billion, trillion*, et ses chiffres en expriment successivement les unités, les dixaines et les centaines. *On forme par conséquent l'expression en toutes lettres du nombre proposé, en énonçant chaque tranche comme si elle était seule, et en ajoutant après ses unités le nom qu'elles portent.*

Dans l'exemple ci-dessus, on lit : *vingt-quatre trillions, huit cent quatre-vingt-dix-sept billions, trois cent vingt-un millions, cinq cent quatre-vingt mille trois cent quarante-six* unités.

9. Les nombres peuvent se considérer de deux manières, savoir : comme je viens de le faire, en ne particularisant point l'espèce de chose ou d'unité à laquelle ils se rapportent, et alors on les appelle *nombres abstraits*, ou bien en désignant l'espèce de leurs unités, comme quand on dit deux hommes, cinq années, trois heures, etc.; et ce sont alors des *nombres concrets*.

Il est évident que la formation des nombres, par la réunion successive des unités, ne tient point à la nature de ces unités, et qu'il en est de même de toutes les propriétés qui résultent de cette formation, d'après lesquelles on parvient à composer et décomposer les nombres les uns par les autres, ce qu'on appelle *calculer*. Je vais donc exposer les principales règles du calcul des nombres, sans avoir égard à la nature de leurs unités.

De l'Addition.

10. Cette opération qui a pour but de réunir plusieurs nombres en un seul, n'est qu'une abréviation de la formation des nombres par la réunion successive des unités. Si, par exemple, à sept on voulait ajouter cinq, il faudrait, dans la suite des noms *un, deux, trois, quatre, cinq, six, sept, huit*, etc., assignés aux nombres, s'élever de cinq degrés au-dessus du mot *sept*, et on parviendrait alors au mot *douze*, qui répond par conséquent à la réunion de sept unités avec cinq. C'est sur ce procédé que sont fondées toutes les additions des petits nombres, et dont les résultats sont appris de mémoire. Son application immédiate aux nombres un peu grands serait impraticable; mais alors on les conçoit décomposés dans leurs diverses collections d'unités, pour effectuer séparément la réunion de celles qui portent le même nom. Pour ajouter, par exemple, 27 avec 32, on réunit les 7 unités du premier nombre avec les 2 du second, ce qui en fait 9, puis les 2 dixaines du premier avec les 3 du second, ce qui fait cinq dixaines. L'ensemble de ces deux résultats forme un total de 5 dixaines et 9 unités, ou 59, qui exprime la somme des nombres proposés.

Quelque grands que soient les nombres qu'il faut

ajouter ensemble, on peut leur appliquer ce qui vient d'être dit ; mais il faut observer que les sommes partielles, résultantes de l'addition de deux nombres exprimés par un seul chiffre, peuvent souvent produire des dixaines, ou des unités de la collection supérieure, et qui doivent par conséquent être réunies avec celles de cette collection.

Dans l'addition des nombres 49 et 78, la somme des unités 9 et 8 en produit 17, dont il faut réserver 10, ou une dixaine, pour joindre à la somme des dixaines des nombres proposés . on dira donc 4 et 7 font 11, et en y joignant la dixaine réservée, on aura 12 pour la totalité des dixaines contenues dans la somme de ces nombres, qui renfermera, par conséquent, 1 centaine, 2 dixaines et 7 unités, ce qui fera 127.

11. En partant de ces principes, on a trouvé une manière de disposer les nombres à ajouter, qui facilite la réunion de leurs diverses collections d'unités, et on a formé une règle que l'exemple suivant fera suffisamment connaître.

Soient les nombres 527, 2519, 9812, 73 et 8 : pour les ajouter ensemble, on commence par les écrire les uns sous les autres, en plaçant les unités de même ordre dans une même colonne, puis on tire un trait pour les séparer du résultat qu'on met au-dessous.

$$
\begin{array}{r}
527 \\
2519 \\
9812 \\
73 \\
8 \\
\hline
\end{array}
$$

Somme........ 12939

On fait d'abord la somme des nombres contenus dans la colonne des unités, et comme on trouve 29, on n'écrit que les 9 unités et on retient les 2 dixaines pour les joindre à celles qui sont contenues dans la colonne suivante, qui, par le moyen de cet accroissement, contient 13 unités de son ordre; on n'écrit encore au-dessous que les 3 unités, et on retient la dixaine pour la joindre à la colonne suivante. On opère sur celle-ci comme sur la précédente, et on trouve 19; on n'écrit encore que les 9 unités; et on retient la dixaine pour la colonne suivante, dont la somme est alors composée de 12 unités; on écrit les 2 unités sous cette colonne, et on place la dixaine à la gauche, ce qui revient à écrire la somme de la dernière colonne telle qu'on l'a trouvée. On a par ce moyen 12939, pour la somme des nombres proposés.

12. Le procédé qu'on vient de suivre peut s'énoncer comme il suit : *écrire les nombres à ajouter les uns sous les autres, en plaçant leurs unités de même ordre dans une même colonne; souligner le dernier nombre pour le séparer du résultat; ajouter successivement, en commençant par la droite, les nombres contenus dans chaque colonne; si la somme ne surpasse pas 9, l'écrire telle qu'on l'a trouvée, et si elle renferme des dixaines, les retenir pour les joindre à la colonne suivante : enfin à la dernière colonne écrire la somme trouvée.*

On pourra s'exercer sur les exemples suivans :

7861	66947	4649
345	46742	928
8023	132684	9298
16229	246373	14875

De la Soustraction.

13. Après avoir appris à composer un nombre par l'addition de plusieurs autres, la première question qui se présente est d'ôter un nombre d'un autre qui le surpasse ; ou, ce qui revient au même, de décomposer celui-ci en deux parties, dont une soit l'autre nombre donné. Si l'on avait, par exemple, le nombre 9, et qu'on en voulût retrancher 4, il serait, par cette opération, décomposé en deux parties qui le reproduiraient par l'addition.

Pour parvenir à ôter un nombre d'un autre, lorsqu'ils ne sont pas considérables, il faut suivre une marche opposée à celle qu'on a prescrite au commencement du n° 10, pour trouver leur somme, c'est-à-dire, que dans la suite des noms assignés aux nombres, on doit, à partir du plus grand de ceux que l'on considère, descendre d'autant de degrés qu'il y a d'unités dans le plus petit, et l'on arrivera au nom appliqué à la différence cherchée ; c'est ainsi qu'en descendant de quatre degrés au-dessous du mot *neuf*, on parvient à *cinq*, nom qui exprime le nombre qu'il faut ajouter à 4 pour former 9, ou qui marque de combien 9 surpasse 4.

Sous ce dernier point de vue, 5 est l'*excès* de 9 sur 4. Si l'on ne voulait que marquer l'inégalité des nombres 9 et 4, sans fixer l'attention sur l'ordre de leurs grandeurs, on dirait que leur *différence* est 5. Enfin, si on faisait l'opération pour ôter 4 de 9, on dirait que le *reste* est 5. On voit que, quoique synonymes, les mots *reste*, *excès*, *différence*, répondent chacun à une manière particulière d'envisager la décomposition du nombre 9 dans les deux parties 4 et 5, opération qu'on désigne toujours par le nom de *soustraction*.

14. Lorsqu'il s'agit de nombres un peu grands, la soustraction s'opère par parties, en retranchant successivement des unités de chaque ordre, marquées dans le plus grand des deux nombres, celles des ordres correspondans, marquées dans le plus petit. Pour le faire commodément, on dispose ces nombres comme 9587, et 345 dans l'exemple ci-dessous :

$$9587$$
$$-345$$

Reste....... 9242

et on place au-dessous de chaque colonne l'*excès* du nombre supérieur sur le nombre inférieur contenu dans cette colonne, en disant :

5 ôtés de 7, reste 2,
4 ôtés de 8, reste 4,
3 ôtés de 5, reste 2,

et posant ensuite le chiffre 9, duquel il n'y a rien à ôter; le reste 9242 marque de combien 9587 surpasse 345.

L'exactitude du procédé qu'on vient de suivre, est incontestable, puisqu'en ôtant du plus grand des deux nombres toutes les parties contenues dans le plus petit, on en a évidemment ôté ce plus petit.

15. L'application de ce procédé demande quelques attentions particulières, lorsque quelques-uns des ordres d'unités du nombre à retrancher en contiennent plus que les ordres correspondans de l'autre nombre.

Si l'on a, par exemple, 397 à retrancher de 524,

$$524$$
$$397$$

Reste...... 127

Dans l'opération figurée ci-dessus, on ne pourra pas ôter immédiatement les unités du nombre inférieur de celles du nombre supérieur ; mais le nombre 524, représenté ici par 4 unités, 2 dixaines et 5 centaines, peut être exprimé d'une manière différente, en décomposant quelques-unes des collections d'unités qu'il contient, pour en réunir une partie avec d'autres d'un ordre inférieur. Au lieu des 2 dixaines et 4 unités qui le terminent, on peut substituer par la pensée une dixaine et 14 unités ; retranchant alors de ces dernières les 7 unités du nombre inférieur, on écrira au-dessous le reste 7. Par cette nouvelle décomposition, le nombre supérieur ne renferme plus qu'une dixaine, dont on ne saurait par conséquent ôter les 9 du nombre inférieur ; mais sur les 5 centaines exprimées dans le nombre supérieur, on peut en prendre 1 pour la joindre avec la dixaine restante, et l'on aura alors 4 centaines et 11 dixaines ; retranchant de celles-ci celles du nombre inférieur, il en restera 2. Enfin on ôtera des 4 centaines laissées dans le nombre supérieur, les 3 du nombre inférieur ; on écrira le reste 1, et on aura 127 pour le résultat de l'opération proposée.

Cette manière d'opérer consiste, comme on voit, à *emprunter* dans l'ordre supérieur, une unité pour la joindre, suivant sa valeur, à celles de l'ordre sur lequel on opère, en observant ensuite de compter pour une unité de moins, le chiffre supérieur lorsqu'on y arrivera.

16. Quand il manque des ordres d'unités dans le plus grand des deux nombres, c'est-à-dire, qu'il y a des zéros entre ses chiffres significatifs, il faut s'avancer jusqu'au premier de ces chiffres, à gauche, pour faire l'emprunt convenable. En voici un exemple :

$$7002$$
$$3495$$

Reste....... 3507

Ne pouvant ôter les 5 unités du nombre inférieur des 2 du nombre supérieur, on retire 10 unités des 7000 marqués par le chiffre 7, il en reste alors 6990, et en joignant les 10 premières au chiffre 2, le nombre supérieur se trouve décomposé en 6990 et 12 ; retranchant de ce dernier nombre les 5 unités du nombre inférieur, on aura 7 pour les unités du reste.

Cette première opération a laissé dans le nombre supérieur 6990 unités ou 699 dixaines, au lieu de 700 qui sont exprimées par les 3 derniers chiffres à gauche, ce qui remplace par conséquent les deux zéros par des 9, et diminue de l'unité le premier chiffre significatif à gauche. En continuant sur ce pied la soustraction dans les autres colonnes, elle ne souffre aucune difficulté, et l'on trouve le reste écrit au-dessous de l'exemple.

17. En résumant les remarques qu'on a faites dans les deux n^{os} précédens, la règle à suivre pour opérer la soustraction sur deux nombres quelconques, peut s'énoncer ainsi : *placer le plus petit nombre sous le plus grand, de manière que leurs unités de même ordre soient dans une même colonne; souligner le plus petit pour le séparer du résultat; retrancher successivement dans chaque colonne, en commençant par la droite, le nombre inférieur du nombre supérieur; si cela ne se peut,*

augmenter le chiffre supérieur de 10 unités ; compter le premier chiffre significatif qui vient après celui-là pour 1 unité de moins, et s'il y a des zéros intermédiaires, les regarder comme des 9.

18. On peut, pour plus de facilité, lorsqu'il faudrait diminuer le chiffre supérieur d'une unité, le compter pour ce qu'il vaut, et joindre cette unité au chiffre inférieur correspondant, qui se trouvant augmenté, conduit, ainsi que cela doit être, à un reste moindre d'une unité, que celui qui résulterait des chiffres écrits. Dans le premier des exemples ci-dessous, après avoir ôté 6 unités de 14, on comptera le 8 inférieur pour un 9, et ainsi des autres.

$$\begin{array}{ccc} 16844 & 103034 & 49812002 \\ 9786 & 69845 & 18924983 \\ \hline 7058 & 33189 & 30887019 \end{array}$$

De la preuve de l'Addition et de la Soustraction.

19. En effectuant une opération, d'après un procédé dont la légitimité est établie sur des principes sûrs, on peut encore commettre quelques erreurs dans les additions ou soustractions partielles dont on cherche le résultat dans sa mémoire ; pour prévenir cet inconvénient, on a recours à une opération inverse de la première, au moyen de laquelle on reconnaît si les résultats de celle-ci sont exacts : c'est ce qu'on appelle faire la *preuve* de l'opération proposée.

Celle de l'addition consiste à retrancher successivement de la somme des nombres ajoutés, toutes les parties de ces nombres, et si l'opération a été bien faite, on ne doit trouver aucun reste. Je vais montrer sur l'exemple du n° 11 , comment on effectue à-la-fois toutes les soustractions.

$$527$$
$$2519$$
$$9812$$
$$73$$
$$8.$$

Somme...... 12939
11120

On ajoute d'abord les nombres contenus dans la co-lonne la plus à gauche, qui renferme ici des mille, et on retranche la somme 11 du nombre 12 qui commence le résultat. On écrit au-dessous la différence 1, pro-duite par la retenue faite sur la colonne des centaines dans l'opération primitive. La somme de la colonne des centaines, prise isolément, ne s'élève plus qu'à 18 ; si on la retranche des 9 centaines écrites au résultat et jointes au mille provenant de la colonne précédente, à gauche, et considéré comme dix centaines, le reste 1 écrit au-dessous, marquera encore la retenue faite sur la colonne des dixaines. La somme 11 de celle-ci re-tranchée de 13, laisse pour reste 2 dixaines provenant de la retenue faite sur la colonne des unités. En joignant ces 2 dixaines avec les 9 unités marquées au résultat, on forme le nombre 29, qui doit être précisément la somme de la colonne des unités, sur laquelle aucune autre n'a pu influer ; en ajoutant donc de nouveau les nombres contenus dans cette colonne, on doit encore ; si l'opération a été bien faite, parvenir au même ré-sultat et n'avoir par conséquent aucun reste. C'est ce qui arrive en effet dans l'exemple actuel, et ce que

marque

marque le o écrit sous cette colonne. Le procédé que je viens d'expliquer se résume ainsi : *pour faire la preuve de l'addition, il faut ajouter de nouveau, en commençant par la gauche, chacune des colonnes de l'opération ; retrancher la somme obtenue en dernier lieu, de celle qui est marquée au-dessous ; écrire les restes qu'on trouve et les joindre comme des dixaines à la colonne suivante à droite : si l'opération a été bien faite, il ne doit rien rester à la dernière colonne.*

20. *La preuve de la soustraction se tire immédiatement de ce que le plus petit nombre ajouté avec le reste, compose le plus grand.* Ainsi, pour s'assurer de l'exactitude de la soustraction suivante :

$$524$$
$$297$$

Reste...... 227

524

on a ajouté au reste le plus petit nombre, et le résultat s'est trouvé, en effet, égal au plus grand.

De la Multiplication.

21. Lorsque les nombres à ajouter entre eux sont égaux, l'addition prend le nom de *multiplication*, parce que la somme est alors composée de l'un de ces nombres *répété autant de fois qu'il y avait de nombres à ajouter ;* réciproquement, si l'on veut répéter un nombre plusieurs fois, on y parviendra en ajoutant ce nombre à lui-même autant de fois, moins une, qu'il doit être répété. Par exemple, par l'addition suivante :

Treizième édition. B

$$16$$
$$16$$
$$16$$
$$\underline{16}$$
$$64$$

on répète le nombre 16 quatre fois, et il se trouve ajouté 3 fois à lui-même.

Répéter un nombre 2 fois, c'est le *doubler*; 3 fois, c'est le *tripler*; 4 fois, c'est le *quadrupler*, et ainsi de suite.

22. Une multiplication renferme trois nombres, savoir : celui qu'on répète, et qui s'appelle *multiplicande*; le nombre qui désigne combien de fois on le répète, et qui s'appelle *multiplicateur*; enfin le résultat de l'opération qui se nomme *produit*. Le *multiplicande* et le *multiplicateur*, considérés comme concourant ensemble à former le *produit*, sont appelés *facteurs* de ce *produit*. Dans l'exemple ci-dessus, 16 est le *multiplicande*, 4 le *multiplicateur*, et 64 le *produit*; et on voit que 4 et 16 sont des facteurs de 64.

23. Lorsque le multiplicande et le multiplicateur sont de grands nombres, la formation du produit par l'addition répétée du multiplicande prendrait un temps très-considérable; on a cherché en conséquence à l'abréger, en la décomposant en un certain nombre d'opérations partielles, faciles à effectuer de mémoire. On répéterait, par exemple, 4 fois le nombre 16, en prenant séparément le même nombre de fois, les 6 unités et la dixaine dont il se compose : il suffit donc de connaître les produits que donnent les nombres d'unités de chaque ordre du multiplicande, par le multiplicateur, lorsque ce dernier nombre n'a qu'un seul

chiffre ; et cela revient, pour tous les cas possibles, à trouver le produit de l'un quelconque des 9 premiers nombres par tout autre de ces nombres.

24. Ces produits sont contenus dans la table suivante, attribuée à Pythagore.

TABLE DE PYTHAGORE.

1	2	3	4	5	6	7	8	9
2	4	6	8	10	12	14	16	18
3	6	9	12	15	18	21	24	27
4	8	12	16	20	24	28	32	36
5	10	15	20	25	30	35	40	45
6	12	18	24	30	36	42	48	54
7	14	21	28	35	42	49	56	63
8	16	24	32	40	48	56	64	72
9	18	27	36	45	54	63	72	81

25. Pour former cette table, on écrit d'abord sur une même ligne les nombres 1 , 2, 3, 4, 5, 6, 7, 8, 9. On ajoute ensuite chacun de ces nombres à lui-même, et on écrit la somme sur la seconde ligne, qui se trouve composée alors du double de chaque nombre de la première, ou du produit de ce nombre par 2.

On ajoute de même à chacun des nombres de la se-

conde ligne, celui qui lui correspond dans la première,
et on dispose les sommes sur une troisième ligne, qui
renferme ainsi le triple de chacun des nombres de la
première, ou leurs produits par 3. Par l'addition des
nombres de la première ligne avec ceux de la troisième,
on en formera une quatrième qui contiendra le quadruple de chaque nombre de la première, ou le produit de
ce nombre par 4, et ainsi de suite, jusqu'à ce que l'on
soit parvenu à la neuvième ligne, qui contient les produits des nombres de la première, multipliés chacun
par 9.

Il est à propos de remarquer que les divers produits
d'un nombre quelconque, par les nombres 2, 3, 4,
5, etc., se nomment les *multiples* de ce nombre : ainsi 6,
9, 12, 15, etc., sont les multiples de 3.

26. Quand on a bien conçu la formation de cette
table, il est facile d'en connaître l'usage. En effet, si
l'on demandait, par exemple, le produit de 7 par 5, il
faudrait, dans la cinquième ligne qui renferme les divers
produits des neuf premiers nombres multipliés par 5,
prendre celui qui répond au-dessous de 7 : on trouverait ainsi 35 ; il en serait de même pour tout autre
exemple : *le produit se trouverait dans la ligne du multiplicateur, au-dessous du multiplicande.*

27. En cherchant dans la table de Pythagore, le
produit de 5 par 7, on trouvera encore comme ci-
dessus 35, quoiqu'on ait considéré cette fois 5 comme
le multiplicande, et 7 comme le multiplicateur. Cette
observation qu'on peut répéter sur chacun des produits
contenus dans la table, est générale ; et *on peut toujours,
dans quelque multiplication que ce soit, renverser l'ordre des facteurs, c'est-à-dire, prendre le multiplicateur pour multiplicande et le multiplicande pour multiplicateur.*

Comme la table de Pythagore ne renferme qu'un nombre limité de produits, il ne suffirait pas d'avoir vérifié dans cette table la conclusion énoncée plus haut ; car on pourrait craindre qu'elle ne fût pas vraie, pour des produits plus grands, dont le nombre est illimité : il n'y a qu'un raisonnement indépendant de toute valeur particulière du multiplicande et du multiplicateur, qui puisse montrer que la conclusion dont il s'agit ne souffre aucune exception. En voici un d'autant plus propre à remplir ce but, qu'il offre une image sensible de la manière dont se forme le produit de deux nombres. Pour le faire mieux concevoir, je l'appliquerai d'abord aux nombres 5 et 3.

Si l'on écrit sur une même ligne 5 fois le chiffre 1, et qu'on place deux lignes semblables au-dessous de la première, comme on voit plus bas,

$$1, \quad 1, \quad 1, \quad 1, \quad 1$$
$$1, \quad 1, \quad 1, \quad 1, \quad 1$$
$$1, \quad 1, \quad 1, \quad 1, \quad 1,$$

le nombre total des chiffres 1 sera composé d'autant de fois 5 qu'il y a de lignes, c'est-à-dire de 3 fois 5 ; mais par la disposition de ces lignes, les chiffres 1 sont rangés en colonnes qui en contiennent 3 ; en les comptant de cette manière, on trouve autant de fois 3 unités qu'il y a de colonnes, ou 5 fois 3 unités, et le produit ne dépendant point de la manière de compter, il s'ensuit que 3 fois 5, et 5 fois 3 donnent le même produit. Il est facile d'étendre ce raisonnement à des nombres quelconques, en concevant que chaque ligne contienne autant d'unités qu'il y en a dans le multiplicande, et qu'on ait placé, les unes sous les autres, un nombre de lignes égal au multiplicateur. En comptant alors le produit par les lignes, il résulte du multiplicande répété autant de fois qu'il y a d'unités dans le multiplicateur; mais l'assemblage des chiffres écrits présente autant de colonnes qu'il y a d'unités dans une ligne, et chaque colonne contient autant d'unités qu'il y a de lignes: si donc on veut compter par colonnes, on répétera le nombre de lignes, ou le multiplicateur, autant de fois qu'il y a d'unités dans une ligne, c'est-à-dire, autant de fois que le marque le multiplicande. Il est par conséquent permis, dans la formation du produit de deux nombres quelconques, de prendre pour multiplicateur celui de ces nombres qu'on voudra.

28. Le raisonnement que je viens de rapporter pour prouver la vérité de la proposition précédente, en est la *démonstration*; et il faut bien remarquer que ce qui constitue l'essence de la méthode suivie dans les mathématiques pures, c'est qu'on n'y admet aucune proposition ou aucun procédé qui ne soit la conséquence nécessaire des premières notions sur lesquelles on s'est appuyé, ou dont la vérité ne soit établie en général, d'après des raisonnemens indépendans des exemples particuliers qui ne peuvent jamais former de preuve, et qui ne servent qu'à faciliter au lecteur l'intelligence des raisonnemens, ou la pratique des règles.

29. Connaissant tous les produits que donnent les 9 premiers nombres, combinés entr'eux, on peut, suivant la remarque du n° 23, multiplier un nombre quelconque par un nombre d'un seul chiffre, en formant successivement le produit des unités de chaque ordre du multiplicande, par le multiplicateur; et l'opération se dispose de la manière suivante:

$$
\begin{array}{r}
526 \\
7 \\
\hline
3682
\end{array}
$$

Le produit des unités 6 du multiplicande par le multiplicateur 7, étant 42, on n'écrit que les 2 unités et on retient les 4 dixaines pour les joindre à celles qu'on trouvera plus loin.

Le produit des dixaines 2 du multiplicande par le multiplicateur 7, est 14, et en y ajoutant les 4 dixaines retenues précédemment, on forme le nombre 18, dont on n'écrit encore que les unités, en retenant la dixaine pour l'opération suivante.

Le produit des centaines 5 du multiplicande par le multiplicateur 7, est 35 ; augmenté de la retenue 1 faite précédemment, il devient 36, et s'écrit tout entier, parce qu'il n'y a plus de chiffres au multiplicande.

30. Ce procédé s'énonce ainsi : *Pour multiplier un nombre composé de plusieurs chiffres par un nombre d'un seul, on place le multiplicateur sous les unités du multiplicande, on tire un trait au-dessous de ces nombres pour les séparer du produit ; on multiplie successivement, en commençant par la droite, les unités de chaque ordre du multiplicande, par le multiplicateur ; on écrit le produit tout entier lorsqu'il ne passe pas 9, mais s'il renferme des dixaines, on les retient pour les joindre au produit suivant, et on continue ainsi jusqu'au dernier chiffre à gauche du multiplicande, dont on écrit le résultat tel qu'il se trouve.*

Il est évident que lorsque le multiplicande est terminé par des o, l'opération ne doit commencer qu'au premier chiffre significatif de ce nombre, mais que pour donner au produit la valeur qu'il doit avoir, il faut mettre à sa droite autant de o qu'il s'en trouve à celle du multiplicande. A l'égard des o qui seraient placés entre les chiffres du multiplicande, ils ne donnent aucun produit, et l'on doit par conséquent mettre un o, lorsqu'on n'a rien retenu du produit précédent.

Voici quelques exemples pour exercer le lecteur :

956	8200	7012	80970
6	9	5	4
5736	73800	35060	323880

31. Les nombres les plus simples, exprimés par plusieurs chiffres, étant 10, 100, 1000, etc., il faut d'abord chercher comment on peut multiplier par chacun de ces nombres, un nombre quelconque. Or, en se rappelant la convention établie dans le n° 6, d'après laquelle le même chiffre prend une valeur de 10 en 10 fois plus grande à mesure qu'on l'avance vers la gauche, on concevra que pour multiplier un nombre quelconque par 10, il faut rendre dix fois plus grande chacune des collections d'unités dont il se compose, c'est-à-dire, changer les unités en dixaines, les dixaines en centaines, et ainsi de suite, et qu'on opère cet effet, en plaçant un o à la droite du nombre proposé, puisque tous ses chiffres significatifs se trouveront avancés d'un rang vers la gauche.

Par la même raison, on multiplierait par 100 un nombre quelconque, en plaçant à sa droite deux zéros, puisque par le premier zéro le nombre devenant 10 fois plus grand qu'il n'était d'abord, deviendrait encore 10 fois plus grand par le second zéro, et serait par conséquent 10 fois 10, ou 100 fois plus grand qu'il n'était en premier lieu.

En continuant ce raisonnement, on verra que, d'après notre système de numération, on multiplie un nombre par 10, 100, 1000, etc., en écrivant, à la droite du multiplicande, autant de zéros qu'il y en a dans le multiplicateur, à la droite de l'unité.

32. Lorsque le chiffre significatif du multiplicateur est différent de l'unité, qu'il s'agit, par exemple, de multiplier par 30, ou par 300, ou par 3000, qui ne sont autre chose que 10 fois 3, ou 100 fois 3, ou 1000 fois 3, etc., l'opération se décompose en deux autres; on multiplie d'abord par le chiffre significatif 3, suivant la règle du n° 30, et ensuite on multiplie le produit par 10, 100 ou 1000, etc. (comme il vient d'être dit dans le n° précédent), en écrivant un, deux, trois, etc. zéros à la droite de ce produit.

Soit, par exemple, 764 à multiplier par 300.

$$764$$
$$300$$
____

Produit..... 229200

Les 4 chiffres significatifs de ce produit résultent de la multiplication de 764 par 3 ; on les recule de deux rangs vers la gauche, pour placer les deux zéros qui terminent le multiplicateur.

En général, *lorsque le multiplicateur sera suivi d'un nombre quelconque de zéros, on multipliera d'abord le multiplicande par le chiffre significatif du multiplicateur, et on placera à la suite du produit, autant de zéros qu'il y en a dans le multiplicateur.*

33. Les règles précédentes s'appliquent au cas où le multiplicateur est quelconque, en considérant à part chacune des collections d'unités dont il est composé. Multiplier, par exemple, 793 par 345, ou, ce qui revient au même, répéter 345 fois le nombre 793, c'est prendre 793, 5 fois, plus 40 fois, plus 300 fois, et

l'opération à faire se trouve décomposée en trois autres dans lesquelles les multiplicateurs 5, 40 et 300, n'ont qu'un chiffre significatif.

Pour réunir facilement le résultat de ces trois opérations, on dispose le calcul comme il suit :

$$
\begin{array}{r}
793 \\
345 \\
\hline
3965 \\
31720 \\
237900 \\
\hline
273585
\end{array}
$$

On multiplie successivement le multiplicande par les unités, les dixaines, les centaines, etc. du multiplicateur, en observant de placer un zéro à la droite du produit partiel, donné par les dixaines du multiplicateur, et deux zéros à la droite du produit donné par les centaines ; ce qui avance le premier de ces produits d'un rang vers la gauche, et le second de deux. On fait ensuite l'addition des trois produits partiels pour obtenir le produit total des nombres proposés.

Les zéros mis à la suite des produits partiels ne comptant pour rien dans cette addition, on peut se dispenser de les écrire, pourvu qu'on ait soin de placer au rang qu'il doit occuper, le premier chiffre du produit donné par chaque chiffre significatif du multiplicateur, c'est-à-dire, au rang des dixaines, le produit donné par les dixaines du multiplicateur, au rang des centaines, le produit donné par les centaines du multiplicateur, et ainsi de suite.

34. D'après ce qui précède, on énonce la règle suivante : *Pour multiplier deux nombres quelconques,*

l'un par l'autre, on forme successivement (selon la règle du n° 3o) les produits du multiplicande par les divers ordres d'unités du multiplicateur, en observant de placer le premier chiffre de chaque produit partiel, sous les unités de l'ordre dont est le chiffre du multiplicateur qui donne ce produit ; et on ajoute ensuite tous les produits partiels.

35. Lorsque le multiplicande est terminé par des zéros, on peut les négliger d'abord, et commencer toutes les multiplications partielles au premier chiffre significatif du multiplicande ; mais pour replacer ensuite au rang qui leur convient les chiffres du produit total, il faut écrire à la droite de ce produit, autant de zéros qu'il y en avait à celle du multiplicande.

Si le multiplicateur était terminé par un ou plusieurs zéros, la remarque du n° 31 permettrait de négliger encore ceux-ci, pourvu que l'on en écrivît un pareil nombre à la droite du produit.

Il résulte de là, que *lorsque le multiplicande et le multiplicateur sont terminés par des zéros, on ne s'occupe d'abord que des chiffres significatifs, et on met à la droite du produit obtenu d'après ces chiffres, autant de zéros qu'il y en avait, tant dans le multiplicande que dans le multiplicateur.*

Lorsqu'il y a des zéros entre les chiffres significatifs du multiplicateur, comme ils ne donnent aucun produit, on les passe en observant de placer dans le rang qui leur convient, les unités du produit résultant du chiffre significatif écrit à la gauche de ces zéros.

Le lecteur pourra s'exercer sur ces exemples :

$$
\begin{array}{ccc}
300 & 526 & 9648 \\
40 & 307 & 5137 \\
\hline
12000 & 3682 & 67536 \\
 & 157800 & 289440 \\
\cline{2-2}
 & 161482 & 964800 \\
 & & 48240000 \\
\hline
 & & 49561776
\end{array}
$$

De la Division.

36. Le produit de deux nombres étant formé de l'un
de ces nombres répété autant de fois qu'il y a d'unités
dans l'autre (21)., on peut revenir d'un produit quelconque à l'un de ses facteurs, en cherchant combien de
fois ce produit contient son autre facteur : la soustraction seule suffit pour cette recherche. En effet, si l'on
voulait savoir combien de fois 64 contient 16, il n'y aurait qu'à retrancher 16 de 64 autant de fois que la chose
serait possible ; et comme après quatre soustractions il ne
resterait rien, on en conclurait que le nombre 16 est
contenu 4 fois dans 64. Cette manière de décomposer
un nombre par un autre, pour savoir combien il contient cet autre, se nomme *division*, parce qu'elle sert
à diviser ou à partager un nombre donné en parties
égales, dont le nombre ou la valeur sont donnés.

Si l'on avait par exemple à diviser 64 en 4 parties
égales, pour trouver la valeur de ces parties, il faudrait
chercher le nombre qui est contenu 4 fois dans 64, et
par conséquent regarder 64 comme un produit ayant
pour facteurs 4 et l'une des parties cherchées, qui est ici
16. Si l'on demandait de combien de parties égales à

16 le nombre 64 est composé, il faudrait pour connaître le nombre de ces parties, chercher combien de fois 64 contient 16, et par conséquent on devrait regarder 64 comme un produit dont un des facteurs serait 16, et l'autre le nombre cherché, qui est ici 4.

Quel que soit donc celui de ses usages que l'on ait en vue, *la division revient à trouver l'un des facteurs d'un produit donné, lorsqu'on connaît l'autre facteur.*

37. Le nombre qu'il faut diviser se nomme *dividende;* le facteur connu, et par lequel on doit diviser, se nomme *diviseur;* le facteur inconnu que l'on trouve par la division, se nomme *quotient,* et indique toujours combien de fois le diviseur est contenu dans le dividende.

Il suit de ce qui vient d'être dit, *que le diviseur multiplié par le quotient, doit reproduire le dividende.*

38. Lorsque le dividende peut contenir un grand nombre de fois le diviseur, il n'est guère praticable d'employer la soustraction répétée pour parvenir au quotient; il faut alors recourir à une abréviation analogue à celle qu'on a donnée pour la multiplication. Si le dividende n'est pas 10 fois plus grand que le diviseur, ce qu'on peut voir à la seule inspection de ces nombres, et si le diviseur n'a qu'un seul chiffre, on trouvera le quotient par la table de Pythagore, puisqu'elle renferme tous les produits dont les facteurs n'ont qu'un chiffre. Si l'on demandait, par exemple, combien de fois 56 contient 8, il faudrait descendre dans la 8eme colonne, jusqu'à la ligne où se trouve 56 ; le chiffre 7, placé à la tête de cette ligne, indique le second fac-

teur du nombre 56, ou combien de fois ce nombre contient 8.

On voit par cette même table qu'il y a des nombres qui ne peuvent être exactement divisés par d'autres. Par exemple, la septième ligne qui contient tous les multiples de 7, ne renfermant pas le nombre 40, il en résulte qu'il n'est pas divisible par 7; mais comme il est compris entre 35 et 42, on voit que le plus grand multiple de 7 qu'il puisse contenir, est 35, dont les facteurs sont 5 et 7. Avec ces élémens, et par les considérations que je vais exposer, on peut effectuer une division quelconque.

39. Soit, par exemple, à diviser 1656 par 3 ; on peut changer la question en cette autre : *Trouver un nombre tel, qu'en multipliant ses unités, dixaines, centaines, etc. par 3, on obtienne pour produit les unités, dixaines, centaines, etc. du dividende* 1656.

Il est visible que ce nombre n'aura pas d'unités d'un ordre plus élevé que les mille, car s'il avait seulement des dixaines de mille, on aurait aussi des dixaines de mille au produit, et c'est ce qui n'a pas lieu. Il n'aura pas non plus d'unités de l'ordre des mille ; car s'il en avait seulement une, le produit en contiendrait au moins 3, et c'est encore ce qui n'a pas lieu.

Ceci montre que le mille qui se trouve au dividende est une retenue que l'on obtient quand on multiplie par le diviseur 3, les centaines du quotient.

Cela posé, le chiffre des centaines du quotient cherché doit être tel, qu'en multipliant le nombre qu'il exprime par 3, on ait pour produit 16, ou le multiple de 3 le plus approchant de 16. Cette restriction est nécessaire, à cause des retenues qu'a pu fournir la multiplication des autres chiffres du quotient par le diviseur, retenues qui ont dû se réunir au produit des centaines.

Le nombre qui remplit cette condition est 5; mais 5 centaines multipliées par 3 donnent 15 centaines, et le dividende 1656 en contient 16 : la différence 1 centaine provient donc des retenues résultant de la multiplication des autres chiffres du quotient par le diviseur. Si maintenant on retranche le produit partiel 15 centaines, ou 1500, du produit total 1656, le reste 156 contiendra les produits des unités et des dixaines du quotient par le diviseur; et tout se réduira à trouver un nombre qui, multiplié par 3, donne 156, question précisément semblable à celle qui s'est présentée d'abord. Ainsi, lorsqu'on aura trouvé le premier chiffre du quotient dans cette dernière, comme on l'a fait dans la précédente, on multipliera le nombre qu'il exprime, par le diviseur ; et retranchant ce produit partiel du produit total, on aura pour résultat un nouveau dividende, sur lequel on opérera comme sur le précédent, et ainsi de suite jusqu'à ce que le dividende primitif soit épuisé.

40. L'opération que je viens de décrire se dispose comme on le voit ci-dessous.

```
divid.  1656   |   3 divis.
          15   |  ____________
               |   552 quot.
          15
          15
        ______
          06
           6
        ______
           0
```

Le dividende et le diviseur sont séparés par un trait ; on en tire un autre sous le diviseur pour marquer la place du quotient : cela fait, on prend sur la gauche du

dividende la partie 16, capable de contenir le diviseur 3, et en la divisant par ce nombre, on a 5 pour le
premier chiffre à gauche du quotient : formant ensuite
le produit du diviseur par le nombre qu'on vient de
trouver, et le retranchant du dividende partiel 16, on
écrit au-dessous le reste 1, à côté duquel on abaisse
les dixaines 5 du dividende. Considérant ce dernier
nombre comme un second dividende partiel, on le divise encore par le diviseur 3, et on obtient 5 pour le
second chiffre du quotient; on fait le produit de ce
nombre par le diviseur, qu'on retranche du dividende
partiel, et on a o pour reste: On abaisse enfin le dernier
chiffre du dividende 6, on divise ce troisième dividende
partiel par le diviseur 3, et on a 2 pour le dernier
chiffre du quotient.

41. Il est évident que si l'on trouvait un dividende
partiel, qui ne contînt pas le diviseur, ce ne pourrait
être que parce que le quotient n'a pas d'unités de
l'ordre de ce dividende, et que celles que ce même
dividende renferme, viennent des produits du diviseur
par les unités des ordres inférieurs du quotient : il faut
donc, quand cela arrive, mettre un o au quotient,
pour remplir la place de l'ordre d'unités qui manque.

Exemple : soit

$$
\begin{array}{r|l}
1535 & \quad 5 \\
\underline{15} & \overline{\quad 307} \\
\hline
035 & \\
35 & \\
\hline
00 &
\end{array}
$$

La division des 15 centaines du dividende par le diviseur, ne laissant aucun reste, les dixaines 3 qui forment

ment le second dividende partiel, ne peuvent contenir le diviseur. Il en résulte que le quotient ne doit point avoir de dixaines, et qu'il faut par conséquent en remplir la place par un o, pour donner au premier chiffre du quotient la valeur qu'il doit avoir par rapport aux autres ; puis abaissant le dernier chiffre du dividende , on forme un troisième dividende partiel, qui, divisé par 5, donne 7 pour les unités du quotient, et ce nombre est 3o7.

42. Les considérations exposées dans le n° 4o, s'appliquent également aux cas où le diviseur contient un nombre quelconque de chiffres.

S'il s'agissait, par exemple, de diviser 57981 par 251, on verrait facilement que le quotient n'a pas de chiffres au-delà des centaines, puisque s'il avait seulement des mille, le dividende contiendrait des centaines de mille, ce qui n'a pas lieu ; de plus, ce chiffre des centaines devrait être tel, que, multiplié par 251, il donnât pour produit 579, ou le multiple de 251 le plus approchant de 579, mais moindre que ce nombre : restriction nécessaire , à cause des retenues qu'a pu fournir la multiplication des autres chiffres du quotient par le diviseur. Le nombre qui vérifie cette condition est 2 ; mais 2 centaines multipliées par 251 font 5o2 centaines, et le dividende en contient 579 ; la différence 77 centaines provient donc des retenues résultantes de la multiplication des unités et dixaines du quotient, par le diviseur.

Si maintenant on retranche le produit partiel 5o2 centaines, ou 5o2oo, du produit total 57981 , le reste 7781 contiendra les produits des unités et des dixaines du quotient par le diviseur, et tout se réduira encore à trouver un nombre qui, multiplié par 251, donne pour produit 7781. Ainsi, lorsqu'on aura déterminé le premier chiffre du quotient, on multipliera le nombre qu'il exprime par le diviseur; et retranchant le produit partiel du produit total, on aura pour résultat un nouveau dividende, sur lequel on opérera comme sur le précédent; et ainsi de suite jusqu'à ce que le dividende soit épuisé.

En général, il faut toujours, pour obtenir le premier chiffre du quotient, séparer, sur la gauche du dividende, assez de chiffres pour que le nombre qu'ils expriment, considéré comme représentant des unités simples, puisse contenir le diviseur, et effectuer cette division partielle.

43. En disposant l'opération comme précédemment, les calculs que l'on vient d'indiquer s'exécutent dans l'ordre suivant :

$$
\begin{array}{r|l}
57981 & 251 \\
502 & \overline{231} \\
\hline
778 & \\
753 & \\
\hline
251 & \\
251. & \\
\hline
000 &
\end{array}
$$

.. On prend les 3 premiers chiffres à gauche du dividende, pour former le premier dividende partiel; on le divise par le diviseur; on écrit au quotient le nombre 2 qui en résulte; on multiplie le diviseur par ce nombre; on écrit le produit 502, sous le dividende partiel 579. La soustraction étant faite, à côté du reste 77, on abaisse les dixaines 8 du dividende; on divise ce nouveau dividende partiel par le diviseur; on obtient 3 pour le second chiffre du quotient; on multiplie le diviseur par ce nombre. On retranche du dividende partiel correspondant, et à côté du reste 25, on abaisse le dernier chiffre 1 du dividende; ce dernier dividende partiel 251, étant égal au diviseur, donne 1 pour les unités du quotient.

44. Lorsque le diviseur renferme plusieurs chiffres, on peut trouver quelques difficultés à reconnaître combien de fois ce nombre est contenu dans les dividendes partiels. L'exemple suivant est destiné à montrer comment on y parvient.

$$
\begin{array}{r|l}
423405 & 485 \\
3880 & \overline{873} \\
\hline
3540 & \\
3395 & \\
\hline
1455 & \\
1455 & \\
\hline
0000 &
\end{array}
$$

Il faut d'abord prendre quatre chiffres sur la gauche du dividende, pour former un nombre qui puisse renfermer le diviseur ; et alors on ne voit pas tout de suite combien de fois 4234 peut contenir 485. Pour s'aider dans cette recherche, on observera que ce diviseur est compris entre 400 et 500 ; et que s'il était exactement l'un ou l'autre de ces nombres, la question serait réduite à trouver combien de fois 4 centaines ou 5 centaines sont contenues dans les 42 centaines du nombre 4234, ou bien, ce qui revient au même, combien de fois les nombres 4 ou 5 sont contenus dans 42. On a, pour le premier, 10, et pour le second, 8 ; c'est donc entre ceux-ci que se trouve le quotient cherché. On voit d'abord qu'il n'est pas possible d'employer 10, parce que cela supposerait que les unités de l'ordre supérieur aux centaines du dividende, peuvent contenir le diviseur, ce qui n'est pas ; il ne reste donc qu'à essayer lequel des deux nombres 9 ou 8, employé comme multiplicateur de 485, donne un produit qu'on puisse retrancher de 4234, et on trouve que c'est 8 : c'est donc là le premier chiffre du quotient. En retranchant du dividende partiel le produit du diviseur multiplié par 8, on a pour reste 354 ; abaissant ensuite le o des dixaines du dividende, on forme un second dividende partiel, sur lequel on opère comme sur le précédent, et ainsi des autres.

45. Le résumé des articles précédens nous offre cette règle : *Pour diviser un nombre par un autre, on place le diviseur à la droite du dividende ; on les sépare par un trait et on en tire un autre sous le diviseur, pour marquer la place du quotient. On prend sur la gauche du dividende autant de chiffres qu'il en faut pour contenir le diviseur ; on cherche combien de fois le nombre exprimé par le premier chiffre du diviseur est contenu dans celui que représentent le premier ou les deux premiers chiffres du dividende partiel ; on multiplie ce quotient, qui n'est qu'approché, par le diviseur ; et si le produit est plus fort que le dividende partiel, on ôte successivement autant d'unités du quotient qu'il est nécessaire pour obtenir un produit qui puisse se retrancher du dividende partiel ; on fait la soustraction, et s'il restait plus que le diviseur, ce serait alors une preuve que le quotient a été trop diminué ; on l'augmenterait en conséquence. A côté du reste, on abaisse le chiffre suivant du dividende ; on cherche, comme précédemment, combien de fois ce dividende partiel contient le diviseur ; on écrit au quotient le nombre trouvé, qu'on multiplie par le diviseur, pour retrancher le produit, du dividende partiel; on continue ainsi jusqu'à ce qu'on ait abaissé tous les chiffres du dividende proposé. Lorsqu'on rencontre un dividende partiel qui ne contient pas le diviseur, il faut, avant d'abaisser un nouveau chiffre du dividende, poser un zéro au quotient.*

46. On resserre dans un plus petit espace les opéra-

tions qu'exige la division, en effectuant de mémoire la soustraction des produits du diviseur par chaque chiffre du quotient, comme on va le voir dans l'exemple ci-dessous :

$$\begin{array}{r|l} 1755 & 39 \\ 195 & \overline{45} \\ 000 & \end{array}$$

Après avoir trouvé que le premier dividende partiel 175 contient 4 fois le diviseur 39, on multiplie d'abord ces 9 unités par 4, ce qui donne 36; et pour retrancher ce produit des unités du dividende partiel, on ajoute aux 5 unités qu'il contient, 4 dixaines, ce qui fait 45; d'où retranchant 36, il reste 9. On retient ensuite les 4 dixaines pour les joindre par la pensée au produit 12 du quotient par les dixaines du diviseur, ce qui fait 16; et en le retranchant de 17, on ôte les 4 dixaines dont on avait augmenté les unités du dividende, pour rendre possible la soustraction précédente. On opère de même sur le second dividende partiel 195, en disant : 5 fois 9 font 45, ôtés de 45, reste zéro, puis 5 fois 3 font 15 et 4 dixaines de retenue font 19, ôtés de 19, reste zéro.

On voit suffisamment par là, comment on se conduirait sur tout autre exemple, quelque compliqué qu'il fût.

47. La division s'abrège encore lorsque le dividende et le diviseur sont terminés par plusieurs zéros, parce qu'on peut en supprimer, à la suite de chacun de ces nombres, autant qu'il y en a dans celui qui en contient le moins.

Si l'on avait, par exemple, 84000 à diviser par 400, on réduirait ces nombres à 840 et à 4; le quotient ne serait pas altéré; car on n'aurait fait que changer le nom des unités, puisqu'au lieu de 84000 ou de 840 centaines, et de 400 ou de 4 centaines, on aurait 840 unités et 4 unités, et le quotient des nombres 840 et 4 demeure toujours le même, quelle que soit l'espèce de leurs unités.

Il faut remarquer aussi qu'en supprimant deux zéros à la suite des nombres proposés, on les a divisés en même temps l'un et l'autre par 100 ; car il suit du numéro 31, qu'en effaçant 1, ou 2, ou 3 zéros à la droite d'un nombre quelconque, on le divise par 10 ou par 100, ou par 1000, et ainsi de suite.

Voici quelques exemples de division :

144	3		16512	344		3049164	6274
24	48		2752	48		53956	486
00			0000			37644	
						00000	

48. La division et la multiplication se servent réciproquement de preuve, comme la soustraction et l'addition, puisque d'après la définition de la division (36), on doit, en divisant un produit par un de ses facteurs, trouver l'autre, et qu'en multipliant le diviseur par le quotient, on doit reproduire le dividende (37).

Des Fractions.

49. La division ne peut pas toujours s'effectuer exactement, parce qu'un nombre quelconque d'unités ne se compose pas d'un autre nombre quelconque d'unités, pris un certain nombre de fois. On en a déjà vu des exemples dans la table de Pythagore, qui ne renferme que les produits des neuf premiers nombres, multipliés deux à deux, et qui ne contient pas tous les nombres compris entre 1 et 81, le premier et le dernier de ceux qu'on y a inscrits. La méthode exposée ci-dessus ne conduit alors qu'à trouver le plus grand multiple du diviseur que puisse contenir le dividende.

Si on divisait 239 par 8, en suivant la règle du numéro 46,

$$\begin{array}{c|c} 239 & 8 \\ 79 & \overline{29} \\ 7 & \end{array}$$

comme le montre l'opération ci-dessus, on aurait pour
dernier dividende partiel le nombre 79, qui ne contient
pas 8 exactement, mais qui, tombant entre les nombres
72 et 80, dont l'un contient 9 fois, et l'autre 10 fois, le
diviseur 8 ; fait voir que la dernière partie du quotient
est plus grande que 9, et moindre que 10, et que par
conséquent le quotient total est entre 29 et 30. Multipliant donc le chiffre 9 des unités du quotient par le
diviseur 8, et retranchant le produit du dernier dividende partiel 79, le reste 7 sera évidemment l'excès du
dividende 239 sur le produit des facteurs 29 et 8. En
effet, ayant, par les diverses parties de l'opération, re-
tranché successivement du dividende 239, le produit de
chaque chiffre du quotient par le diviseur, on a évidemment soustrait le produit du quotient entier par le diviseur, ou 232 ; et le reste 7, moindre que le diviseur,
prouve que 232 est le plus grand multiple de 8 que peut
contenir 239.

50. Il est bon de se rappeler que, d'après ce qui vient
d'être dit, pour reproduire un dividende quelconque, il
faut ajouter au produit du diviseur par le quotient, le
reste qu'a laissé la division, lorsqu'elle n'a pu se faire
exactement.

51. Si l'on voulait réellement partager en huit parties
égales une grandeur, d'espèce quelconque, composée
de 239 unités, on ne le pourrait pas sans y mettre des
portions d'unités ou des *fractions*. En effet, lorsqu'on
aurait ôté du nombre 239 les 8 fois 29 unités qu'il contient, il resterait 7 unités à partager en 8 parties ; pour
y parvenir, on pourrait diviser, l'une après l'autre,

toutes ces unités en 8 parties, puis prendre une partie sur chaque unité, ce qui donnerait 7 parties qu'il faudrait joindre aux 29 unités entières, pour former la huitième partie de 239, ou le quotient exact de la division de ce nombre par 8.

Le même raisonnement pourrait se faire sur toute autre division qui laisserait un reste; et, dans ce cas, le quotient se compose de deux parties; l'une est formée d'unités entières, tandis que l'autre ne peut s'obtenir qu'après qu'on a réellement effectué le partage des unités concrètes ou matérielles du reste, dans le nombre de parties marquées par le diviseur : jusques-là on ne fait que l'indiquer, en disant : *qu'il faut concevoir l'unité du dividende, divisée en autant de parties qu'il y a d'unités dans le diviseur, et prendre autant de ces parties qu'il y a d'unités dans le reste, pour compléter le quotient cherché.*

52. En général, lorsqu'on a voulu considérer des quantités moindres que l'unité, il a fallu, pour les rapporter à cette unité, la concevoir partagée en un certain nombre de parties assez petites pour pouvoir être contenues un certain nombre de fois dans ces quantités, ou les *mesurer.* Dans l'idée qu'on s'est formée ainsi de leur grandeur, il est donc entré deux élémens, savoir : combien de fois les parties qui les mesurent sont contenues dans l'unité, et combien elles en renferment.

On a composé pour les fractions, une nomenclature qui répond à la manière de les concevoir et de les représenter.

Celle qui résulte de la division de l'unité en 2 parties, se nomme *moitié* ou *demie,*

en 3 parties . . *tiers,*

en 4 parties . *quart,*

en 5 parties . . *cinquième,*

en 6 parties . *sixième,*

et ainsi de suite, en ajoutant la terminaison *ième* au nombre qui marque combien on conçoit de parties dans l'unité.

Toute fraction s'exprime alors par deux nombres : le premier qui fait connaître de combien de parties elle est composée, se nomme *numérateur*, et le dernier, qui marque combien il faut de ces parties pour former l'unité, s'appelle *dénominateur*, parce qu'on en déduit la dénomination de la fraction. Les *cinq sixièmes* de l'unité sont une fraction dont le numérateur est *cinq*, et le dénominateur est *six*.

Le *numérateur* et le *dénominateur* s'appellent conjointement les deux *termes* de la fraction.

On se sert des chiffres pour abréger l'expression des fractions, en écrivant le dénominateur sous le numérateur, séparés l'un de l'autre par un trait :

$$\text{un tiers s'écrit } \tfrac{1}{3},$$
$$\text{cinq sixièmes ; } \tfrac{5}{6}.$$

53. D'après l'idée qu'on attache aux mots *numérateur* et *dénominateur*, il est évident *qu'on augmente une fraction en augmentant son numérateur, sans changer son dénominateur ;* car ce dernier marquant en combien de parties l'unité est divisée, fixe la grandeur de ces parties, qui demeure la même tant qu'il ne change pas ; et en augmentant le numérateur on augmente le nombre de parties contenues dans la fraction, et par conséquent cette fraction. C'est ainsi, par exemple, que $\tfrac{8}{9}$ surpassent $\tfrac{7}{9}$, que $\tfrac{13}{30}$ surpassent $\tfrac{11}{30}$.

Il suit évidemment de cette considération, qu'en répétant le numérateur 2, 3, ou un nombre quelconque *de fois, sans toucher au dénominateur, on répète un pareil nombre de fois la quantité représentée par la fraction, ou elle se trouve multipliée par ce nombre ; car* on la compose alors de 2, 3, ou d'un nombre quelconque de fois autant de parties qu'elle en contenait d'abord, et ces parties sont demeurées les mêmes. La fraction $\frac{3}{5}$ est donc le triple de $\frac{1}{5}$, et $\frac{10}{21}$ le double de $\frac{5}{21}$.

On diminue une fraction en diminuant son numérateur, sans changer son dénominateur, puisqu'on prend pour la composer un nombre de parties moindre que celui qu'elle contenait d'abord, et que ces parties ont conservé la même grandeur. Donc, *si on divise par 2, 3, ou un nombre quelconque, le numérateur d'une fraction, sans toucher au dénominateur, on la rend un pareil nombre de fois plus petite, ou elle se trouve divisée par ce nombre;* car on la réduit à contenir 2, 3, ou un nombre quelconque de fois moins de parties qu'elle n'en contenait d'abord, et ces parties sont demeurées les mêmes. C'est ainsi que $\frac{1}{5}$ est le tiers de $\frac{3}{5}$; que $\frac{5}{21}$ sont la moitié de $\frac{10}{21}$.

54. Au contraire, *on diminue une fraction lorsqu'on augmente son dénominateur, sans changer son numérateur;* car on conçoit alors plus de parties dans l'unité; elles deviennent donc plus petites, et comme on n'en prend encore que le même nombre pour former la fraction, leur ensemble compose dans le second cas, une quantité moindre que dans le premier. C'est ainsi que $\frac{2}{5}$ sont moins que $\frac{2}{3}$, $\frac{4}{13}$ moins que $\frac{4}{8}$.

Il suit de là, que *si on multiplie par 2, 3, ou par un nombre quelconque, le dénominateur d'une fraction, sans toucher au numérateur, la fraction devient un pareil nombre de fois plus petite, ou se trouve divisée par ce nombre;* car on la compose toujours d'autant de parties qu'elle en contenait d'abord, mais chacune est devenue 2, 3, ou un nombre quelconque de fois plus petite. La fraction $\frac{3}{8}$ est la moitié de $\frac{3}{4}$, et $\frac{4}{15}$ le tiers de $\frac{4}{5}$.

On augmente une fraction, lorsqu'on diminue son dénominateur sans changer son numérateur, puisqu'en concevant alors moins de parties dans l'unité, chacune devient plus grande, et leur ensemble devient aussi plus grand.

Donc, *si on divise le dénominateur d'une fraction par 2, 3, ou un nombre quelconque, on rend cette fraction un pareil nombre de fois plus grande qu'auparavant, ou elle se trouve multipliée par ce nombre*, car on la compose toujours du même nombre de parties; mais devenues chacune 2, 3, ou un nombre quelconque de fois aussi grandes qu'elles l'étaient d'abord. D'après cela, $\frac{3}{5}$ sont le triple de $\frac{3}{15}$, $\frac{5}{6}$ sont le quadruple de $\frac{5}{24}$.

Il est à propos de remarquer que supprimer le dénominateur d'une fraction c'est la multiplier par ce nombre. Supprimer, par exemple, le dénominateur 3 dans la fraction $\frac{2}{3}$, c'est la changer en 2 entiers, ou la multiplier par 3.

55. On peut résumer comme il suit les propositions précédentes :

| En multipliant | le numérateur | on multiplie | la fraction. |
| En divisant | | on divise | |

| En multipliant | le dénominateur | on divise | la fraction. |
| En divisant | | on multiplie | |

56. La première conséquence qu'on doit tirer de ce tableau, c'est que les opérations faites sur le dénominateur, produisent sur la quantité représentée par la fraction, l'effet des opérations *contraires* ou *inverses*. Il en résulte encore que, *si on multiplie à-la-fois le numérateur et le dénominateur d'une fraction par le même nombre, la fraction ne changera pas de valeur;* car si d'un côté, en multipliant le numérateur, on rend la fraction 2, 3, etc. fois plus grande qu'auparavant; de l'autre, par la seconde opération, on en prend la moitié, le tiers, etc. ; en un mot on la divise par le même

nombre qui l'avait multipliée d'abord. Ainsi $\frac{1}{5}$ est égal à $\frac{3}{15}$, et $\frac{5}{21}$ sont égaux à $\frac{10}{42}$.

57. *On voit de même que si l'on divise à-la-fois par le même nombre le dénominateur et le numérateur d'une fraction, sa valeur ne change point ;* car si d'un côté, en divisant le numérateur on rend la fraction 2, 3, etc. fois plus petite qu'auparavant ; de l'autre, par la seconde opération, on en prend le double, le triple, etc. ; en un mot on la multiplie par le même nombre qui l'avait divisée d'abord. Ainsi la fraction $\frac{2}{4}$ est égale à $\frac{1}{2}$, et $\frac{3}{9}$ est égale à $\frac{1}{3}$.

58. Il n'en est pas des fractions, comme des nombres entiers, dans lesquels une grandeur, tant qu'on la rapporte à la même unité, n'est susceptible que d'une seule expression ; par les fractions, au contraire, la même grandeur peut être exprimée d'une infinité de manières. Par exemple, toutes les fractions

$$\frac{1}{2},\ \frac{2}{4},\ \frac{3}{6},\ \frac{4}{8},\ \frac{5}{10},\ \frac{6}{12},\ \frac{7}{14},\ \text{etc.}$$

dont le dénominateur contient deux fois le numérateur, expriment, sous des formes différentes, la moitié de l'unité. Les fractions

$$\frac{1}{3},\ \frac{2}{6},\ \frac{3}{9},\ \frac{4}{12},\ \frac{5}{15},\ \frac{6}{18},\ \frac{7}{21},\ \text{etc.}$$

dont le dénominateur contient 3 fois le numérateur, représentent toutes, le tiers de l'unité. Mais parmi toutes les formes que prend, dans l'un et l'autre exemple, la fraction proposée, la première est la plus remarquable, comme étant la plus simple ; et il est par conséquent bon de savoir la retrouver dans chacune des autres : or c'est à quoi l'on parvient en divisant les deux termes de celles-ci par le même nombre, ce qui, comme on l'a vu, n'en change pas la valeur. En effet, si l'on divise par 7 les deux termes de la fraction $\frac{7}{14}$, on retombera sur $\frac{1}{2}$, et faisant aussi la même opération sur la fraction $\frac{7}{21}$, on en déduira $\frac{1}{3}$.

59. C'est en suivant ce dernier procédé qu'on réduit

une fraction à sa *plus simple expression*. Il ne saurait s'appliquer qu'aux fractions dont le numérateur et le dénominateur se trouvent divisibles par le même nombre ; et dans tous les autres cas, la fraction proposée est la plus simple de toutes celles qui peuvent représenter la quantité qu'elle exprime.

Ainsi les fractions

$$\frac{5}{7} \qquad \frac{7}{12} \qquad \frac{15}{16},$$

dont les termes ne peuvent être divisés par un même nombre, ou *n'ont aucun diviseur commun*, sont *irréductibles;* et l'on ne saurait par conséquent exprimer d'une manière plus simple, les grandeurs qu'elles représentent.

60. Il suit de là que pour simplifier une fraction, il faut essayer de diviser ses deux termes par quelques-uns des nombres 2, 3, etc.; mais par ce tâtonnement on n'arrivera pas toujours à la plus simple expression de la fraction proposée, ou au moins il faudra souvent effectuer un grand nombre d'opérations.

Si on avait, par exemple, la fraction $\frac{24}{84}$, on pourrait remarquer d'abord, que chacun de ses termes est un multiple de 2, et en les divisant par ce nombre, on obtiendrait $\frac{12}{42}$; divisant ensuite par 2 les deux termes de cette dernière, on en déduirait $\frac{6}{21}$.

Quoique déjà beaucoup plus simple que la proposée, cette fraction est encore susceptible de réduction, car on peut diviser ses deux termes par 3, et on obtient alors $\frac{2}{7}$.

Si l'on fait attention que diviser un nombre par 2, puis diviser le quotient par 2, puis encore ce nouveau quotient par 3, c'est la même chose que de diviser d'abord le nombre primitif par le produit des nombres 2, 2 et 3, ce qui revient à 12, on verra que les trois

opérations ci-dessus peuvent s'effectuer en une seule
fois; en divisant les deux termes de la fraction proposée
par 12, et l'on aura encore $\frac{2}{7}$.

Les nombres 2, 3, 4 et 12, divisant chacun en même
temps les deux nombres 24 et 84, sont les diviseurs
communs de ces nombres; mais 12 se distingue des
autres, parce qu'il est plus grand : et c'est en employant ce *plus grand commun diviseur* des deux
termes de la fraction proposée, qu'on la réduit tout
d'un coup à sa plus simple expression. C'est donc une
recherche utile que celle-ci : *deux nombres étant
donnés, trouver leur plus grand commun diviseur.*

61. On arrive à la connaissance du commun diviseur
de deux nombres par une espèce de tâtonnement facile
à découvrir, et qui a l'avantage d'approcher du but à
chaque essai qu'on fait. Pour l'expliquer clairement,
je vais prendre un exemple.

Soient les deux nombres 637 et 143. Le plus grand
diviseur commun à ces nombres ne saurait évidemment surpasser le plus petit des deux; il convient donc
d'essayer si le nombre 143, qui se divise lui-même, et
donne pour quotient 1, peut diviser aussi le nombre 637,
auquel cas il serait lui-même le plus grand diviseur
commun cherché : mais dans l'exemple proposé, cela
n'arrive pas, et l'on trouve un quotient 4 et un reste 65.

Maintenant il est visible que tout diviseur commun
aux deux nombres 637 et 143, doit diviser aussi le
reste 65 de leur division ; car le plus grand, 637, est
égal au plus petit, 143, multiplié par le quotient 4,
plus le reste 65 (50); or, en divisant 637 par le diviseur
commun cherché, on aura un quotient exact : il faut
donc qu'on en ait aussi un semblable, en divisant par
le même diviseur la réunion des parties dont 637 est
composé; mais le produit de 143 par 4 se divise nécessai-

rement par le diviseur commun qui est facteur de 143 : il faut donc que l'autre partie, 65, se divise aussi par ce diviseur, sans quoi le quotient total serait un entier accompagné d'une fraction, et ne pourrait par conséquent égaler le nombre entier résultant de la division de 637 par le commun diviseur.

Par le même raisonnement, on prouvera en général, que *tout diviseur commun à deux nombres doit diviser le reste de la division du plus grand des deux par le plus petit.*

D'après ce principe, on voit que le commun diviseur des nombres 637 et 143 doit l'être aussi des nombres 143 et 65; mais le dernier ne pouvant être divisé par un nombre plus grand que lui-même, il faut donc l'essayer d'abord. En divisant 143 par 65, on trouve un quotient 2 et un reste 13 ; 65 n'est donc pas le diviseur cherché. Par un raisonnement semblable à celui qu'on a fait à l'égard des nombres 637, 143, et du reste 65 de leur division, on verra que tout diviseur commun de 143 et de 65, doit l'être aussi des nombres 65 et 13 : or le plus grand diviseur commun de ces derniers ne saurait surpasser 13 ; il faut donc essayer si 13 divise 65, ce qui arrive, puisqu'on a pour quotient 5 : donc 13 est le plus grand commun diviseur cherché.

On peut encore s'assurer qu'il jouit de cette propriété, en reprenant les opérations dans un ordre inverse, ainsi qu'il suit : 13 divisant 65 et 13, divisera 143, composé de 2 fois 65 plus 13; divisant 65 et 143, il divisera 637, composé de 4 fois 143 plus 65 : donc 13 sera diviseur commun des deux nombres proposés. Il est d'ailleurs évident, d'après la recherche même, qu'il ne peut y en avoir un plus grand que 13, puisqu'il devrait nécessairement diviser 13.

Il est commode dans la pratique de placer les divisions successives à la suite les unes des autres, et de disposer l'opération comme on le voit ci-après :

637	143	65	13
	4	2	5
65	13	0	

en séparant les quotiens 4, 2, 5, des restes placés au-dessous.

Les raisonnemens employés dans l'exemple précédent, pouvant s'appliquer à des nombres quelconques, conduisent à cette règle générale : *On trouvera le plus grand commun diviseur de deux nombres, en divisant le plus grand de ces nombres par le plus petit ; divisant ensuite le plus petit par le reste de la première division, puis divisant ce reste par celui de la seconde division, puis divisant ce second reste par le troisième reste ou celui de la troisième division, et continuant ainsi de diviser le reste de chaque opération par celui de la suivante, jusqu'à ce qu'on parvienne à un quotient exact : le dernier diviseur sera le plus grand commun diviseur demandé.*

62. Voici deux exemples de cette opération

9024	3760	1504	752
1504	2	2	2
	752	000	

752 est donc le plus grand diviseur commun entre 9024 et 3760.

937	47	44	3	2	1
467	19	1	14	1	2
44	3	14	1	0	
		2			

On

On voit par cette dernière opération que le plus grand diviseur commun entre 937 et 47, est seulement 1 , c'est-à-dire qu'à proprement parler, ces deux nombres n'ont point de diviseur commun, puisque tous les nombres entiers, quels qu'ils soient, sont divisibles par 1.

Il n'est pas difficile de se convaincre que la règle du numéro précédent doit nécessairement conduire à ce résultat, toutes les fois que les nombres proposés n'auront pas de diviseur commun ; car les restes étant toujours moindres que le diviseur, deviennent de plus en plus petits à chaque opération ; et il est évident que les divisions se continueront tant qu'on aura un diviseur plus grand que l'unité.

63. D'après ces calculs, les fractions $\frac{143}{637}$, $\frac{3760}{9024}$, se réduisent sur-le-champ à leur plus simple expression, en divisant les deux termes de la première par leur diviseur commun 13, et ceux de la seconde par leur diviseur commun 752 : on obtient ainsi $\frac{11}{49}$, $\frac{5}{12}$. Quant à la fraction $\frac{47}{937}$, elle est absolument irréductible, puisque ses deux termes n'ont d'autre diviseur commun que l'unité.

64. Il n'est pas toujours nécessaire de tenter la recherche du plus grand diviseur commun des deux termes de la fraction proposée ; il y a, ainsi que je l'ai fait remarquer plus haut, des réductions qui s'offrent d'elles-mêmes.

Tout nombre terminé par un des chiffres 0, 2, 4, 6, 8, est nécessairement divisible par 2 ; car puisqu'en divisant un nombre quelconque par 2, il ne peut rester que 1 sur les dixaines, la dernière division partielle s'effectuera sur les nombres 0, 2, 4, 6, 8, si les dixaines n'ont point laissé de reste, ou sur les nombres 10, 12, 14, 16, 18, si elles en ont laissé, et tous ces nombres sont divisibles par 2.

Treizième édition. D

Les nombres divisibles par 2, se nomment *nombres pairs*, parce qu'ils peuvent être partagés en deux parties pareilles.

De même, tout nombre terminé vers la droite par un zéro ou par un 5, est divisible par 5 ; car, lorsqu'on sera arrivé à la division des dixaines par 5, le reste, s'il y en a un, sera nécessairement 1, 2, 3 ou 4 dixaines ; ensorte que si le dernier chiffre est un o ou un 5, l'opération se terminera sur un des nombres o, 5, 10, 15, 20, 25, 30, 35, 40, 45, tous divisibles par 5.

Les nombres 10, 100, 1000, etc. exprimés par l'unité suivie d'un certain nombre de zéros, peuvent être décomposés en 9 plus 1, 99 plus 1, 999 plus 1, et ainsi de suite ; et les nombres 9, 99, 999, etc. étant divisibles par 3 et par 9, il suit de là que si l'on divise par 3 ou par 9 les nombres de la forme 10, 100, 1000, etc. le reste de la division sera 1.

Maintenant tout nombre qui, comme 20, 300, 5000, est exprimé par un seul chiffre significatif, suivi, vers la droite, d'un certain nombre de zéros, peut être décomposé en plusieurs nombres exprimés par l'unité, suivie, vers la droite, d'un certain nombre de zéros : 20 est égal à 10 plus 10, 300 à 100 plus 100 plus 100, 5000 à 1000 plus 1000 plus 1000 plus 1000 plus 1000, et ainsi des autres. Il suit de là que si on divise 20, ou 10 plus 10, par 3 ou par 9, le reste sera 1 plus 1, ou 2 ; si l'on divise 300, ou 100 plus 100 plus 100, par 3 ou par 9, le reste sera 1 plus 1 plus 1, ou 3.

En général, si l'on décompose de la même manière un nombre exprimé par un seul chiffre significatif suivi, vers la droite, d'un certain nombre de zéros, pour le diviser par 3 ou par 9, le reste de cette division sera égal à autant de fois 1 qu'il y a d'unités dans le chiffre significatif, c'est-à-dire au chiffre significatif lui-même. Or un nombre quelconque étant décomposé en unités, dixaines, centaines, se trouve formé par la réunion de plusieurs nombres exprimés par un seul chiffre significatif; et si l'on divise chaçun de ces derniers par 3 ou par 9, on aura pour reste un des chiffres significatifs du nombre proposé : par exemple, la division des centaines donnera pour reste le chiffre des centaines, celle des dixaines celui des dixaines, et ainsi des autres. Si donc la somme de tous ces restes était divisible par 3 ou par 9, la division du nombre proposé par 3 ou par 9 pourrait se faire exactement; d'où il suit que si la somme des chiffres d'un nombre est divisible par 3 ou par 9, ce nombre est divisible par 3 ou par 9.

Ainsi les nombres 423, 4251, 15342, sont divisibles par 3, parce que la somme des chiffres significatifs est 9 dans le premier, 12 dans le second, et 15 dans le troisième.

De même, 621, 8280, 934218, sont divisibles par 9, parce que la somme des chiffres significatifs est 9 dans le premier, 18 dans le second, et 27 dans le troisième.

On observera que tout nombre divisible par 9 est par là même divisible par 3, quoique tout nombre divisible par 3 ne le soit pas par 9.

On pourrait faire encore sur plusieurs autres nombres des observations analogues à celles que je viens d'exposer sur 2, 3, 5 et 9; mais la recherche de ces propriétés m'écarterait trop de mon sujet pour m'y arrêter.

Les nombres 1, 2, 3, 5, 7, 11, 13, 17, etc. qu'on ne peut diviser que par eux-mêmes, ou par l'unité, s'appellent *nombres premiers*. Deux nombres, comme 12 et 35, ayant, chacun en particulier, des diviseurs, mais dont aucun n'est commun à l'un et à l'autre, sont dits *premiers entre eux*.

Une fraction irréductible a par conséquent pour numérateur et pour dénominateur des nombres premiers entre eux.

65. Après cette digression, je reprends l'examen du tableau du n° 55,

En multipliant ⎱ le numérateur ⎰ on multiplie ⎱ la fraction,
En divisant ⎰   ⎰ on divise ⎱

En multipliant ⎱ le dénominateur ⎰ on divise ⎱ la fraction,
En divisant ⎰   ⎰ on multiplie ⎱

pour en déduire de nouvelles conséquences.

On voit d'abord, à la seule inspection de ce tableau, que l'on peut multiplier une fraction de deux manières, savoir : en multipliant son numérateur, ou en divisant son dénominateur, et qu'on peut aussi la diviser de deux manières, savoir : en divisant son numérateur, ou en multipliant son dénominateur ; d'où il suit que la multiplication seule, selon qu'on l'effectue sur le numérateur ou sur le dénominateur, suffit pour opérer la multiplication et la division des fractions par des nombres entiers. Ainsi $\frac{3}{15}$ multipliés par 7 unités, font $\frac{21}{15}$; $\frac{4}{9}$ divisés par 3, font $\frac{4}{27}$, etc.

66. La notion des fractions nous met en état de généraliser l'idée attachée à la multiplication, dans le n° 21. Le multiplicateur étant alors un nombre entier, indiquait combien de fois on devait répéter le multiplicande ; mais le mot *multiplier*, étendu aux expressions fractionnaires, n'emporte pas toujours l'idée d'augmentation, comme pour les nombres entiers. Pour comprendre dans un seul énoncé tous les cas, on peut dire que *multiplier un nombre par un autre, c'est composer avec le premier un nombre, de la même manière que le second est composé avec l'unité.* En effet, lorsqu'il s'agit de multiplier par 2, par 3, etc., le produit est composé de 2 fois, 3 fois, etc. le

multiplicande, de même que le multiplicateur est composé de 2, 3, etc. unités; et multiplier un nombre quelconque par la fraction $\frac{1}{5}$, par exemple, c'est en prendre la cinquième partie, parce que le multiplicateur $\frac{1}{5}$ étant la cinquième partie de l'unité, marque que le produit doit être la cinquième partie du multiplicande (*).

De même, multiplier un nombre quelconque par $\frac{4}{5}$, c'est prendre sur ce multiplicande une partie qui en soit les quatre cinquièmes, ou égale à quatre fois un cinquième de ce multiplicande.

Il suit de là que *la multiplication par une fraction, quel que soit le multiplicande, a pour objet de prendre sur ce multiplicande une partie marquée par la fraction multiplicateur;* et que cette opération est composée de deux autres, savoir, d'une division et d'une multiplication, dans lesquelles le diviseur et le multiplicateur sont des nombres entiers.

En effet, pour prendre les $\frac{4}{5}$ d'un nombre quelconque, par exemple, il faut d'abord en trouver la cinquième partie en le divisant par 5, et répéter cette cinquième partie quatre fois, en la multipliant par 4.

En général, on voit qu'*il faudra toujours diviser le multiplicande par le dénominateur de la fraction multiplicateur, et multiplier le résultat par le numérateur de cette fraction.*

Le multiplicateur étant moindre que l'unité, le pro-

(*) On est conduit à cet énoncé par une question qui se présente souvent : celle où l'on cherche le prix d'une quántité quelconque d'une chose, lorsqu'on connaît le prix de l'unité de cette chose. La question demeure évidemment la même, soit qu'il s'agisse d'une quantité plus grande ou plus petite que cette unité.

duit sera plus petit que le multiplicande, auquel il serait seulement égal si le multiplicateur était 1.

67. Si le multiplicande est un nombre entier divisible par 5, par exemple, 35, la cinquième partie sera 7; multipliant ce résultat par 4, on aura 28 pour les $\frac{4}{5}$ de 35, ou pour le produit de 35 par $\frac{4}{5}$. Si le multiplicande, toujours entier, n'est pas divisible exactement par 5, qu'il soit, par exemple, 32, la division par 5 donnera pour quotient 6 $\frac{2}{5}$; répétant ce quotient quatre fois, il viendra 24 $\frac{8}{5}$.

Ce résultat présente une fraction dans laquelle le numérateur surpasse le dénominateur, mais qui est facile à interpréter. En effet, l'expression $\frac{8}{5}$ désignant 8 parties dont 5 réunies composent l'unité, il s'ensuit que $\frac{8}{5}$ équivalent à l'unité, plus 3 cinquièmes d'unité, ou 1 $\frac{3}{5}$; ajoutant cette dernière partie aux vingt-quatre unités, on aura 25 $\frac{3}{5}$ pour la valeur des $\frac{4}{5}$ de 32.

68. L'exemple précédent a fait voir que la fraction $\frac{8}{5}$ renferme l'unité, ou *un entier* et $\frac{3}{5}$; et le raisonnement qui a donné cette conclusion montre de même que toute expression fractionnaire dont le numérateur surpasse le dénominateur, contient des unités ou des entiers, et qu'*on extrait ces entiers en divisant le numérateur par le dénominateur : le quotient donne le nombre des entiers contenus dans la fraction, et le reste mis en fraction, est celle qui doit accompagner le nombre des entiers.*

L'expression $\frac{307}{53}$, par exemple, désignant 307 parties dont 53 composent l'unité, il y a dans la quantité que représente cette expression, autant d'unités que 307 contient de fois 53 : faisant la division, on obtient 5 pour quotient et 42 pour reste; ces 42 sont des *cinquante-troisièmes* d'unité : ainsi, au lieu de $\frac{307}{53}$, on peut écrire 5 $\frac{42}{53}$.

69. L'expression $5\frac{42}{53}$, dans laquelle les entiers sont en évidence, étant composée de deux parties différentes, il est souvent utile de revenir à l'expression primitive $\frac{307}{53}$, c'est ce qu'on appelle *réduire un entier en fraction.*

Pour y parvenir, *il faut multiplier l'entier par le dénominateur de la fraction qui l'accompagne, ajouter son numérateur au résultat, et donner à la somme le dénominateur de la même fraction.*

En effet, il faut d'abord convertir les cinq entiers en cinquante-troisièmes, ce qui s'effectuera en multipliant 53 par 5, puisque chaque unité doit contenir cinquante-trois parties; le résultat sera $\frac{265}{53}$: réunissant cette partie avec la seconde $\frac{42}{53}$, il viendra $\frac{307}{53}$.

70. Je passe maintenant à la multiplication d'une fraction par une fraction.

Je suppose qu'on ait à multiplier, par exemple, $\frac{2}{3}$ par $\frac{4}{5}$: d'après le n° 66, l'opération se réduit à diviser $\frac{2}{3}$ par 5, et à multiplier ensuite le résultat par 4; et par le tableau du n° 65, la première opération s'effectuera en multipliant le dénominateur 3 du multiplicande par 5, et la seconde, en multipliant le numérateur 2 du multiplicande par 4, ce qui donnera pour le produit cherché $\frac{8}{15}$.

Il en serait de même de tout autre exemple; et on doit par conséquent conclure de ce qui précède, que *pour former le produit de deux fractions, il faut multiplier les numérateurs l'un par l'autre, et placer sous ce produit, celui des deux dénominateurs.*

71. Il peut arriver que l'on ait à multiplier les uns par les autres des entiers joints à des fractions, comme, par exemple, $3\frac{5}{7}$ par $4\frac{8}{9}$. Le moyen le plus simple pour obtenir le produit, est de réduire les entiers en fractions,

suivant le procédé du n° 69 ; les deux facteurs seront exprimés alors par $\frac{26}{7}$, $\frac{44}{9}$, leur produit, par $\frac{1144}{63}$ ou par 18 $\frac{10}{63}$, en extrayant les entiers (68).

72. On donne quelquefois au produit de plusieurs fractions le nom de *fractions de fractions* : c'est dans ce sens qu'on dit *les* $\frac{2}{3}$ *de* $\frac{4}{5}$. Cette expression marque les $\frac{2}{3}$ de la quantité représentée par $\frac{4}{5}$ de l'unité primitive , et prise à son tour pour unité. On réduit ces deux fractions à une seule par la multiplication (70), et le résultat $\frac{8}{15}$ exprime la valeur de la quantité cherchée rapportée à l'unité primitive ; c'est-à-dire que les $\frac{2}{3}$ de la quantité représentée par les $\frac{4}{5}$ de l'unité, équivalent aux $\frac{8}{15}$ de cette unité.. Si on voulait prendre les $\frac{7}{9}$ de ce résultat, cela reviendrait à prendre les $\frac{7}{9}$ des $\frac{2}{3}$ de $\frac{4}{5}$, et en réduisant ces fractions à une seule, on aurait $\frac{56}{135}$ pour la valeur de la quantité cherchée, rapportée à l'unité primitive.

73. Le mot *contenir* ne convient pas plus, en toute rigueur, aux différens cas que présente la division, que le mot *répéter* à ceux que présente la multiplication ; car on ne peut pas dire que le dividende contient le diviseur, lorsqu'il est moindre que ce dernier : cependant on s'exprime encore ainsi, mais seulement par analogie et par extension.

Pour généraliser la division, *il faut regarder le dividende comme composé avec le quotient de la même manière que le diviseur l'est avec l'unité*, puisque le diviseur et le quotient sont les deux facteurs du dividende (36). Cette considération se prête à tous les cas que peut offrir la division. En effet, lorsque le diviseur est 5, par exemple, le dividende est égal à 5 fois le quotient, et celui-ci est par conséquent la cinquième partie du dividende. Si le diviseur est une fraction, $\frac{1}{2}$, par exemple, le dividende ne doit être que la moitié du quotient, ou ce dernier doit être double de l'autre.

La définition que je viens de poser conduit facilement à la manière d'opérer, lorsque le diviseur est une fraction. Je prends pour exemple $\frac{4}{5}$: dans ce cas, le dividende doit être seulement les $\frac{4}{5}$ du quotient; mais $\frac{1}{5}$ étant $\frac{1}{4}$ de $\frac{4}{5}$, on aurait donc $\frac{1}{5}$ du quotient en prenant le quart du dividende, ou en le divisant par 4. Connaissant par là $\frac{1}{5}$ du quotient, il n'y aurait qu'à prendre ce résultat 5 fois, ou à le multiplier par 5, pour obtenir le quotient. Dans cette opération, on divise le dividende par 4, et on multiplie le résultat par 5; c'est donc (66) comme si on avait pris les $\frac{5}{4}$ du dividende, ou comme si on avait multiplié le dividende par $\frac{5}{4}$, qui n'est autre chose que la fraction diviseur $\frac{4}{5}$ renversée.

Cet exemple montre qu'en général, *pour diviser un nombre quelconque par une fraction, il faut le multiplier par cette fraction renversée.*

Soit pour exemple 9 à diviser par $\frac{3}{4}$; cela s'effectuera en multipliant 9 par $\frac{4}{3}$, et on trouvera $\frac{36}{3}$ ou 12. De même 13 à diviser par $\frac{5}{7}$ reviendra à 13 multiplié par $\frac{7}{5}$, ou à $\frac{91}{5}$. Le quotient cherché sera $18\frac{1}{5}$, en extrayant les entiers (68).

Il est visible que toutes les fois que dans le diviseur, le numérateur sera moindre que le dénominateur, le quotient surpassera le dividende, puisque le diviseur étant alors moindre que l'unité, doit être contenu dans le dividende un plus grand nombre de fois que l'unité, qui, prise pour diviseur, donne, dans tous les cas, un quotient exprimé par le dividende lui-même.

74. Lorsque le dividende est une fraction, l'opération revient à *multiplier* (70) *la fraction dividende par la fraction diviseur renversée.*

Soit $\frac{7}{8}$ à diviser par $\frac{2}{3}$; il faudra multiplier, d'après le numéro précédent, $\frac{7}{8}$ par $\frac{3}{2}$, ce qui donnera $\frac{21}{16}$.

Il est évident que l'opération ci-dessus peut encore être énoncée ainsi : *Pour diviser une fraction par une autre, il faut multiplier le numérateur de la première par le dénominateur de la seconde, et le dénominateur de la première par le numérateur de la seconde.*

S'il y avait des entiers joints aux fractions proposées, on les réduirait en fractions, et on appliquerait aux résultats la règle ci-dessus.

75. Il est important d'observer que l'on indique, par le moyen d'une expression fractionnaire, une division quelconque, soit qu'elle puisse s'opérer en nombres entiers, ou autrement. $\frac{36}{3}$, par exemple, expriment évidemment le quotient de 36 par 3, aussi bien que 12; car $\frac{1}{3}$ étant contenu trois fois dans l'unité, $\frac{36}{3}$ seront contenus trois fois dans 36 entiers, comme doit l'être le quotient de 36 par 3.

76. Il pourra sembler étrange que je me sois occupé de la multiplication et de la division des fractions avant d'avoir parlé de la manière de les ajouter et de les soustraire ; mais j'ai suivi cet ordre, parce que la multiplication et la division des fractions s'opèrent immédiatement par les remarques énoncées dans le tableau de la page 43, au lieu que l'addition et la soustraction des fractions demandent une préparation préliminaire. Il n'est pas étonnant d'ailleurs qu'il soit plus facile de multiplier et de diviser les fractions que de les ajouter et de les soustraire, puisqu'elles proviennent de la division, qui tient de si près à la multiplication. On aura souvent occasion par la suite de se convaincre de cette vérité : que les opérations à faire sur des quantités sont d'autant plus faciles, qu'elles se rapprochent davantage de l'ori-

gine de ces quantités. Je passe maintenant à l'addition et à la soustraction des fractions.

77. Lorsque les fractions sur lesquelles on doit effectuer ces dernières opérations, ont le même dénominateur, comme elles ne renferment que des parties de même dénomination, et par conséquent de même grandeur, on peut les ajouter ou les soustraire de même que si c'était des unités, en observant de marquer au résultat la dénomination des parties dont il est composé.

Il est évident, en effet, que $\frac{2}{11}$ et $\frac{3}{11}$ font $\frac{5}{11}$, comme 2 quantités et 3 quantités de la même espèce, en font 5 de cette espèce, quelle qu'elle soit.

De même, la différence entre $\frac{3}{9}$ et $\frac{8}{9}$ est $\frac{5}{9}$, comme la différence entre 3 quantités et 8 quantités de même espèce, est 5 quantités de cette espèce, quelle qu'elle soit.

On doit conclure de là, que *pour ajouter ou soustraire des fractions de même dénominateur, il faut prendre la somme ou la différence de leurs numérateurs, et donner au résultat le dénominateur commun.*

78. Quand les fractions proposées ont des dénominateurs différens, on ne peut plus réunir ensemble ou retrancher l'un de l'autre les nombres de parties dont elles sont composées, puisque ces parties sont de grandeurs différentes ; et pour obvier à cet inconvénient, on fait subir à ces fractions une transformation qui les ramène à des parties de même grandeur, en leur donnant un dénominateur commun.

Soit, par exemple, les fractions $\frac{2}{3}$ et $\frac{4}{5}$; si on multiplie par 5, dénominateur de la seconde, les deux termes de la première, on convertira cette première en $\frac{10}{15}$; multipliant ensuite par 3, dénominateur de la première, les deux termes de la seconde, on convertira cette seconde en $\frac{12}{15}$: on formera ainsi deux nouvelles expressions qui auront la même valeur que les fractions proposées (56).

Cette opération, nécessaire pour comparer les grandeurs respectives de deux fractions, ne consiste, au fond, qu'à trouver, pour les exprimer, des parties de l'unité assez petites pour pouvoir être contenues exactement dans chacune de celles dont se forment les fractions proposées. Il est visible, dans l'exemple ci-dessus, que la quinzième partie de l'unité peut mesurer exactement $\frac{1}{3}$ et $\frac{1}{5}$ de cette unité, puisque $\frac{1}{3}$ contient cinq 15^{ièmes}, et que $\frac{1}{5}$ en contient trois. Le procédé appliqué aux fractions $\frac{2}{3}$ et $\frac{4}{5}$, réussirait également sur d'autres quelconques.

En général, *pour réduire au même dénominateur deux fractions quelconques, il faut multiplier les deux termes de chacune, par le dénominateur de l'autre.*

79. *On réduit à-la-fois au même dénominateur, un nombre quelconque de fractions, en multipliant les deux termes de chacune par le produit des dénominateurs de toutes les autres ;* car il est évident que les nouveaux dénominateurs sont les mêmes, puisque chacun est formé du produit de tous les dénominateurs primitifs, et que les nouvelles fractions sónt de même valeur que les premières, puisqu'on n'a fait que multiplier les deux termes de celles-ci, par un même nombre (56).

La règle précédente conduit, dans tous les cas, au but qu'on s'est proposé ; mais lorsque les dénominateurs des fractions dont il s'agit, ne sont pas premiers entre eux, il existe un dénominateur commun plus simple que celui qu'elle donne ; et l'on y parvient par des considérations analogues à celles des numéros précédens. Si l'on avait, par exemple, les fractions

$$\frac{2}{3}, \quad \frac{3}{4}, \quad \frac{5}{6}, \quad \frac{7}{8},$$

comme il ne s'agit pour les réduire au même dénominateur, que de diviser l'unité en parties qui soient contenues exactement dans celles dont ces fractions se forment, il suffira de trouver le plus petit nombre qui puisse se diviser exactement par chacun de leurs dénominateurs 3, 4, 6, 8; et on le découvrira en essayant sur les multiples de 3, les divisions par 4, 6 et 8, qui ne réussissent en premier lieu que sur 24 : cela fait, il n'y aura plus qu'à convertir les fractions proposées en 24èmes de l'unité.

Pour effectuer cette opération, on cherchera successivement combien de fois les dénominateurs 3, 4, 6 et 8, sont contenus dans 24; et les quotiens seront les nombres par lesquels il faudra multiplier respectivement les deux termes de chaque fraction, pour la ramener au dénominateur 24. On trouvera ainsi, que les deux termes de $\frac{2}{3}$ doivent être multipliés par 8, ceux de $\frac{3}{4}$ par 6, ceux de $\frac{5}{6}$ par 4, ceux de $\frac{7}{8}$ par 3; et on formera les fractions

$$\frac{16}{24}, \quad \frac{18}{24}, \quad \frac{20}{24}, \quad \frac{21}{24}.$$

On verra dans l'algèbre des moyens pour faciliter l'application de ce procédé.

80. Au moyen de la réduction au même dénominateur, l'addition et la soustraction des fractions s'effectuent comme dans le n° 77.

81. Lorsqu'on a en même temps des entiers et des fractions, on convertit les premiers, s'ils sont seuls, en fractions de même espèce que celles qu'on doit leur ajouter ou en soustraire; et s'ils sont déjà accompagnés de fractions, on les réduit au même dénominateur que ces dernières.

C'est ainsi que l'addition de 4 unités avec $\frac{2}{3}$ se change

dans celle des fractions $\frac{12}{3}$ et $\frac{2}{3}$, et donne pour résultat $\frac{14}{3}$.

Pour ajouter $3\frac{2}{7}$ avec $5\frac{4}{9}$, on réduirait les entiers en
fraction de même espèce que celle qui les accompagne ,
ce qui donnerait $\frac{23}{7}$, $\frac{49}{9}$; avec ces résultats, on trouverait $\frac{550}{63}$ ou $8\frac{46}{63}$: enfin, si l'on avait à retrancher $\frac{4}{5}$ de
$3\frac{1}{4}$, on ramènerait cette opération à retrancher $\frac{4}{5}$
de $\frac{13}{4}$, et on aurait pour reste $\frac{49}{20}$.

82. La règle donnée précédemment pour la réduction des fractions au même dénominateur, suppose
qu'un produit résultant des multiplications successives
de plusieurs nombres entre eux, ne change point, dans
quelqu'ordre qu'on effectue ces multiplications. Cette
vérité, qu'on regarde presque toujours comme évidente,
a cependant besoin d'être démontrée.

Il faut commencer par prouver que multiplier un
nombre par le produit de deux autres, c'est la même
chose que de le multiplier d'abord par l'un d'eux, et de
multiplier ensuite le produit résultant, par l'autre. Au
lieu de multiplier, par exemple, 3 par 35, produit des
nombres 5 et 7, on aurait pu multiplier 3 par 5, et
multiplier ensuite le produit de ces nombres par 7. La
proposition serait évidente si, à la place du nombre 3,
on prenait l'unité ; car 1 multiplié par 5 donne 5, et le
produit de 5 par 7 donne 35, aussi bien que le produit
de 1 par 35 : mais 3, ou tout autre nombre, n'étant que
l'assemblage de plusieurs unités, il n'arrivera à ce
nombre que ce qui arrive à chacune des unités dont il
est composé, c'est-à-dire que les produits de 3 par 5
et par 7, obtenus de l'une et de l'autre manière, étant
dans les deux cas, le triple des résultats que donne l'u-
nité multipliée par 5 et par 7, seront nécessairement les
mêmes. On prouverait de la même manière que si on
avait à multiplier 3 par le produit des nombres 5,

7 et 9, cela reviendrait à multiplier 3 par 5, puis le produit trouvé par 7, et ce dernier produit par 9, et ainsi de suite, en quelque nombre que soient les facteurs.

Pour indiquer d'une manière abrégée plusieurs multiplications successives, telles que celles des nombres 3, 5 et 7 entre eux, j'écrirai 3 par 5 par 7.

Cela posé, dans le produit 3 par 5 on peut changer l'ordre des facteurs 3 et 5 (27), et on aura encore le même produit. Il suit immédiatement de là que 5 par 3 par 7 est la même chose que 3 par 5 par 7.

On peut aussi changer l'ordre des facteurs 3 et 7 dans le produit 5 par 3 par 7, puisque ce produit équivaut à 5 multiplié par le produit des nombres 3 et 7; on aura donc encore dans 5 par 7 par 3, le même produit que les précédens.

En rapprochant les trois arrangemens,

$$3 \text{ par } 5 \text{ par } 7.$$
$$5 \text{ par } 3 \text{ par } 7$$
$$5 \text{ par } 7 \text{ par } 3,$$

on voit que le facteur 3 s'est trouvé successivement le premier, le second et le troisième, et qu'il pourrait en être de même de l'un quelconque des deux autres. Cet exemple, dans lequel on n'a point considéré la valeur particulière de chaque nombre, doit prouver qu'un produit de trois facteurs ne change point, quelqu'ordre qu'on établisse dans les multiplications.

Si l'on avait un produit de quatre facteurs, tel que 3 par 5 par 7 par 9, on pourrait, d'après ce qui vient d'être dit, arranger comme on voudrait les trois premiers ou les trois derniers, et faire ainsi passer par toutes les places l'un quelconque de ces facteurs.

Considérant ensuite un des nouveaux arrangemens, par exemple celui-ci, 5 par 7 par 3 par 9 , on pourrait intervertir l'ordre des deux derniers facteurs, ce qui donnerait 5 par 7 par 9 par 3 , et mettrait 3 à la dernière place. On étendra sans peine ces raisonnemens à tel nombre de facteurs qu'on voudra.

Des fractions décimales.

83. Quoiqu'on puisse, par les règles précédentes, effectuer dans tous les cas sur les fractions, les quatre opérations fondamentales de l'Arithmétique, on a dû sentir de bonne heure, que si l'on avait assujéti à une même loi de décroissement, les diverses subdivisions de l'unité, qu'on emploie pour mesurer les quantités plus petites que cette unité, le calcul des fractions serait devenu beaucoup plus commode par la facilité qu'on aurait eue à les convertir les unes dans les autres. En prenant cette loi conforme à la base de notre système de numération, on a donné au calcul le plus haut degré de simplicité auquel il soit possible d'atteindre, et voici comment :

On a vu dans le n° 3, que chacune des collections d'unités, contenues dans un nombre, se compose de dix unités de l'ordre précédent, comme la dixaine se forme des unités simples ; mais rien ne s'oppose à ce qu'on regarde cette unité simple, comme contenant dix parties dont chacune sera un *dixième :*

Le dixième, comme contenant dix parties, dont chacune sera un *centième* de l'unité :

Le centième comme contenant dix parties, dont chacune sera un *millième* de l'unité, ainsi de suite.

En poursuivant ainsi, on formera des quantités aussi petites que l'on voudra, et au moyen desquelles on
pourra

pourra par conséquent mesurer des quantités, quelque petites qu'elles soient.

Ces fractions qu'on nomme *décimales*, parce qu'elles sont composées de parties de l'unité de dix en dix fois plus petites, se convertissent, les unes dans les autres, de la même manière que les *dixaines*, les *centaines*, les *mille*, etc. se convertissent en unités. En effet,

l'unité valant 10 dixièmes,
le dixième 10 centièmes,
le centième 10 millièmes,

il en résulte que le dixième vaut 10 fois 10 millièmes ou 100 millièmes.

Par exemple, 2 dixièmes, 3 centièmes et 4 millièmes, seront équivalens à 234 millièmes, comme 2 centaines, 3 dixaines et 4 unités, font 234 unités; et il en sera de même dans tout autre cas, puisque la subordination des parties de l'unité est semblable à celle des divers ordres d'unités.

84. Par cette remarque, on peut, au moyen des chiffres, écrire les fractions décimales de la même manière que les nombres entiers; puisque d'après la convention qui rend dix fois plus petite la valeur d'un chiffre mis à la droite d'un autre, les *dixièmes* trouvent naturellement leur place à la droite des unités, puis les *centièmes* à la droite des dixièmes, et ainsi de suite : mais pour empêcher que l'on ne puisse confondre les chiffres qui expriment des parties décimales, avec ceux qui représentent des unités entières, on met une virgule à la droite des unités. Pour exprimer, par exemple, 34 unités et 27 centièmes, on écrira 34, 27. S'il n'y avait pas d'unités, on remplirait leur place par un zéro, et on ferait de même pour toutes les parties décimales qui

Treizième édition.   E

pourraient manquer entre celles qui sont énoncées dans
le nombre proposé.

Ainsi 19 centièmes s'écrivent 0,19 ,

$$304 \text{ millièmes} \qquad 0,304 ,$$
$$3 \text{ millièmes} \qquad 0,003.$$

85. Si l'on rapproche les expressions des fractions
décimales ci-dessus, des suivantes $\frac{19}{100}$, $\frac{304}{1000}$, $\frac{3}{1000}$,
qu'on tirerait de la manière de représenter, en général,
une fraction, on verra *que pour représenter sous la
forme entière, une fraction décimale, écrite comme une
fraction ordinaire, il faut prendre tel qu'il est le numérateur de cette fraction, et le placer de manière
qu'il y ait après la virgule, autant de chiffres qu'il y a
de zéros à la suite de l'unité dans le dénominateur.*

Réciproquement, *pour ramener une fraction décimale, présentée sous la forme d'un entier, à celle d'une
fraction ordinaire, il faut donner pour dénominateur
aux chiffres qu'elle contient, l'unité suivie d'autant
de zéros qu'il y a de chiffres à la droite de la virgule.*

C'est ainsi que les fractions 0,56 , 0,036, se chan-
gent en $\frac{56}{100}$ et $\frac{36}{1000}$.

86. *L'expression en chiffres, des nombres contenant
des parties décimales se lit en énonçant d'abord les
chiffres placés à la gauche de la virgule, puis ceux qui
sont à la droite, et en ajoutant au dernier de ceux-ci,
la dénomination des parties qu'il représente.*

Le nombre 26,736 s'énonce 26 unités 736 millièmes;

Le nombre 0,0673 s'énonce 673 dix-millièmes;

Enfin 0,0000673 s'énonce 673 dix-millionièmes.

87. Les chiffres décimaux ne tirant leur valeur que
du rang qu'ils occupent par rapport à la virgule, il est

indifférent d'écrire ou d'effacer sur leur droite tel nombre de zéros qu'on voudra. Par exemple , o,5 est la même chose que o,5o; o,784, la même chose que o,784oo; car dans le premier cas, le nombre qui exprime la fraction décimale est devenu dix fois plus grand, mais les parties sont devenues des centièmes, et par conséquent dix fois plus petites qu'elles n'étaient d'abord; dans le second cas, le nombre qui exprime la fraction est devenu cent fois plus grand, mais les parties étant devenues des cent-millièmes, sont cent fois plus petites qu'elles n'étaient d'abord : cette transformation revient donc à celle qu'on opère sur une fraction ordinaire, lorsqu'on multiplie ses deux termes par le même nombre; et ce serait les diviser par le même nombre, si on supprimait des zéros.

88. L'addition des fractions décimales et des nombres qui en sont accompagnés, ne demande pas d'autre règle que celle des nombres entiers, puisque les parties décimales se composent les unes des autres, en allant de droite à gauche, de la même manière que les unités entières.

Soient, pour exemple, o,56, o,oo3, o,958 ; en les disposant comme il suit :

$$
\begin{array}{r}
o,56 \\
o,oo3 \\
o,958 \\
\hline
\end{array}
$$

Somme..... 1,5a1

on trouve par la règle du n° 12, que leur somme est 1,5a1.

Soient encore les nombres 19,35 , o,3, 48,5 et 110,02, qui contiennent des unités entières; on les disposera ainsi :

$$19,35$$
$$0,3$$
$$84,5$$
$$110,02$$

Somme....... $214,17$.

et l'on trouvéra de même que leur somme est $214,17$.

En général, *l'addition des nombres décimaux se fait comme celle des nombres entiers, en observant de placer à la somme, la virgule dans la même colonne où se trouvent toutes celles des nombres à ajouter.*

89. Les règles prescrites pour la soustraction des nombres entiers, conviennent aussi, comme on va le voir, aux nombres décimaux. Soit, par exemple, $0,3697$, à retrancher de $0,62$; on observera d'abord que le second nombre, qui ne contient que des centièmes, tandis que le premier renferme des dix-millièmes, peut aussi être converti en dix-millièmes, en mettant deux zéros à sa droite (87), ce qui le change en $0,6200$. On disposera ensuite l'opération comme ci-dessous ;

$$0,6200$$
$$0,3697$$

Différence...... $0,2503$

et par la règle du n° 17, on trouvera une différence de $0,2503$.

Soit encore le nombre $7,364$ à ôter de $9,1457$; l'opération étant disposée ainsi :

$$9,1457$$
$$7,3640$$

Différence....... $1,7817$

on trouve la différence marquée ci-dessus. Il eût été égal de ne pas mettre le zéro à la suite du nombre à retrancher, pourvu qu'on eût placé ses divers chiffres au-dessous de ceux qui marquent dans le premier nombre, des ordres d'unités ou des parties correspondantes.

En général, *la soustraction des nombres décimaux s'opère comme celle des nombres entiers, pourvu qu'on rende le nombre des chiffres décimaux, le même dans les deux nombres proposés, en écrivant à la droite de celui qui en a le moins, autant de zéros qu'il est nécessaire; et on place à la différence une virgule dans la colonne où se trouvent celles des nombres proposés.*

Les preuves de l'addition et de la soustraction des nombres décimaux se font absolument comme celles des mêmes opérations sur les nombres entiers.

90. La virgule séparant les collections d'unités entières des parties décimales, son déplacement change nécessairement la valeur du nombre total. En la reculant vers la droite, on fait passer dans la partie entière, des chiffres qui se trouvaient dans la partie fractionnaire; on augmente par conséquent la valeur totale du nombre proposé. Au contraire, en avançant la virgule vers la gauche, on fait passer dans la partie fractionnaire des chiffres qui se trouvaient dans la partie entière, et par conséquent on diminue la valeur totale du nombre proposé.

Le premier changement rend le nombre proposé dix, cent, mille, etc. fois plus grand, suivant qu'on recule la virgule d'un, deux, trois, etc. rangs vers la droite, parce que chaque fois qu'on recule ainsi la virgule d'un rang, tous les chiffres, comparés à cette virgule, avancent d'un rang vers la gauche, et prennent par conséquent une valeur dix fois plus grande que celle qu'ils avaient d'abord.

Si par exemple, dans le nombre 134,28, on porte la virgule entre le 2 et le 8, on aura 1342,8 ; les centaines seront devenues des mille, les dixaines des centaines, les unités des dixaines, les dixièmes des unités, et les centièmes des dixièmes. Toutes les parties du nombre étant devenues dix fois plus grandes, c'est comme si on l'avait décuplé, ou multiplié par dix.

Le second changement rend le nombre proposé dix, cent, mille, etc. fois plus petit, selon qu'on avance la virgule d'un, deux, trois, etc. rangs vers la gauche, parce que chaque fois qu'on avance ainsi la virgule d'une place, tous les chiffres comparés à cette virgule, reculent d'un rang vers la droite, et prennent par conséquent une valeur dix fois plus petite que celle qu'ils avaient d'abord.

Si dans le nombre 134,28, on porte la virgule entre le 3 et le 4, on aura 13,428 ; les centaines seront devenues des dixaines, les dixaines des unités, les unités des dixièmes, les dixièmes des centièmes, les centièmes des millièmes. Toutes les parties du nombre étant devenues dix fois plus petites, c'est comme si l'on en avait pris le dixième, ou qu'on l'eût divisé par dix.

91. Il est facile de prévoir, d'après les considérations précédentes, l'avantage que les fractions décimales ont sur les fractions ordinaires : toutes les multiplications ou les divisions qu'il faut opérer par le dénominateur de celles-ci, s'effectuent dans les autres par l'addition, ou la suppression d'un certain nombre de zéros, ou par le simple déplacement de la virgule. En adaptant ces modifications à la théorie des fractions ordinaires, on en déduit sur-le-champ celle des fractions décimales, et la manière d'effectuer la multiplication et la division sur ces fractions ; mais on peut y arriver directement par les considérations suivantes.

Je supposerai d'abord que le multiplicande seul ait des chiffres décimaux. Si on y fait abstraction de la virgule, il deviendra dix, cent, mille, etc. fois plus grand, suivant le nombre de ses chiffres décimaux; et le produit que donnera dans ce cas la multiplication, sera un pareil nombre de fois plus grand que celui qu'on cherchait : on obtiendra donc ce dernier en divisant l'autre par dix, cent, mille, etc.; ce qui s'effectuera en séparant sur sa droite (90), autant de chiffres décimaux qu'il y en avait dans le multiplicande.

Si, par exemple, on avait à multiplier 34,137 par 9, on formerait d'abord le produit de 34137 par 9, ce qui donnerait 307233; et comme la suppression de la virgule aurait rendu le multiplicande mille fois plus grand qu'il n'était, il faudrait diviser par mille le produit trouvé, ou séparer par une virgule, ses trois derniers chiffres à droite : on aurait ainsi 307,233.

En général, *pour multiplier par un nombre entier, un nombre accompagné de chiffres décimaux, on fait abstraction de la virgule dans celui-ci; mais on sépare sur la droite du produit autant de chiffres décimaux que le multiplicande en contenait.*

92. Lorsque le multiplicateur contient des chiffres décimaux, et qu'on y fait abstraction de la virgule, on le rend, dix, cent, mille, etc. fois plus grand, selon le nombre de ses chiffres décimaux; en l'employant dans cet état, il donnera évidemment un produit dix, cent, mille, etc. fois plus grand que celui qu'on aurait dû avoir, et qu'on obtiendra par conséquent en divisant le premier par l'un de ces nombres; c'est-à-dire, en séparant sur la droite du produit autant de chiffres décimaux qu'en contient le multiplicateur, ou en avançant d'un pareil nombre de places, vers la gauche (90), la virgule qui se trouverait dans le produit, si le multiplicande avait aussi des décimales.

4

Soit pour exemple 172,84 à multiplier par 36,003; en faisant abstraction de la virgule dans le multiplicateur seulement, on aurait, d'après le numéro précédent, le produit 6222758,52; mais le multiplicateur se trouvant mille fois plus grand qu'il n'aurait dû l'être, il faudra diviser ce produit par mille, ou avancer la virgule de trois places vers la gauche, ce qui donnera 6222,75852 pour le produit demandé, dans lequel il se trouvera par conséquent autant de chiffres décimaux qu'il y en a, tant dans le multiplicande que dans le multiplicateur.

En général, *pour multiplier l'un par l'autre deux nombres accompagnés de chiffres décimaux, on fera abstraction de la virgule dans l'un et dans l'autre; mais on séparera sur la droite du produit, autant de chiffres décimaux qu'ils en contiennent tous deux.*

Dans certains cas, il faut mettre un ou plusieurs zéros sur la gauche du produit, pour lui donner le nombre des chiffres décimaux qu'il doit avoir suivant la règle précédente. Si l'on avait, par exemple, 0,624 à multiplier par 0,003, en formant d'abord le produit de 624 par 3, on aurait le nombre 1872 qui ne contient que quatre chiffres, et comme il faudrait séparer 6 chiffres décimaux, on ne pourrait le faire qu'en mettant à la gauche de ce nombre trois zéros, dont un tiendrait la place des unités, ce qui ferait 0,001872.

93. Il est évident (36) que le quotient de deux nombres ne dépend point de la grandeur absolue de leurs unités, pourvu que ce soit la même dans l'un et dans l'autre. S'il s'agissait donc de diviser 451,49 par 13, on observerait que le premier revient à 45149 centièmes, et le second à 1300 centièmes, et que ces derniers nombres doivent donner le même quotient que s'ils exprimaient des unités entières. On serait conduit ainsi

à supprimer la virgule dans le premier des nombres proposés et à mettre deux zéros à la suite du second ; et on n'aurait plus à diviser que le nombre 45149 par 1300, ce qui donnerait pour quotient $34\frac{949}{1300}$.

On conclura de là, que *pour diviser par un nombre entier, un nombre accompagné de chiffres décimaux, il faut supprimer la virgule dans celui-ci, mettre à la suite de l'autre autant de zéros que ce dividende contenait de chiffres décimaux ; et il n'y aura rien à changer au quotient.*

94. Lorsque le dividende et le diviseur sont tous deux accompagnés de chiffres décimaux, on doit, avant de faire abstraction de la virgule, les ramener à des décimales de même ordre, en mettant à la suite de celui des deux nombres qui a le moins de chiffres décimaux, assez de zéros pour qu'il se termine au même ordre de décimales que l'autre, parce qu'alors la suppression de la virgule les rend tous deux le même nombre de fois plus grands.

Soit, par exemple, 315,432 à diviser par 23,4 ; on changera ce dernier nombre en 23,400, et on divisera ensuite 315432 par 23400 : le quotient sera $13\frac{11232}{23400}$.

Ainsi, *pour diviser l'un par l'autre, deux nombres accompagnés de chiffres décimaux, on met à la suite de celui qui en a le moins, autant de zéros qu'il en faut pour que le nombre des chiffres décimaux soit le même dans le dividende et dans le diviseur ; on fait alors abstraction de la virgule, et il n'y a rien à changer au quotient.*

95. Comme on n'a recours aux décimales que pour éviter l'emploi des fractions ordinaires, il est naturel de s'en servir pour approcher des quotiens qu'on ne peut obtenir exactement, ce qui se fait en convertissant en dixièmes, centièmes, millièmes, etc., le reste, afin

qu'il puisse contenir le diviseur, comme on le voit dans l'exemple ci-dessous.

$$
\begin{array}{r|l}
45149 & 1300 \\
6149 & \overline{} \\
\text{Reste} \ldots\ldots 949 & 34,73 \\
\text{dixièmes.} \ldots 9490 & \\
\text{centièmes.} \ldots 3900 & \\
0000 &
\end{array}
$$

Lorsqu'on est parvenu au reste 949, on y joint un zéro pour le multiplier par dix, ou le convertir en dixièmes ; on forme alors un nouveau dividende partiel composé de 9490 dixièmes, et donnant pour quotient 7 dixièmes, qu'on écrit à la droite des unités, après avoir mis une virgule. Il reste encore 390 dixièmes que l'on réduit en centièmes, par l'addition d'un nouveau zéro, ce qui forme un second dividende composé de 3900 centièmes, et donnant au quotient 3 centièmes, qu'on place à la suite des dixièmes. L'opération se termine là, et l'on.a pour résultat exact 34,73 centièmes. Si elle avait laissé un troisième reste, on l'aurait poussée plus loin,. en convertissant ce reste en millièmes, et en continuant toujours de même jusqu'à ce qu'on fût parvenu à un quotient exact, ou à un reste composé de parties assez petites pour qu'on pût les regarder comme de nulle importance.

Il est évident qu'il faut toujours, comme dans l'exemple ci-dessus, mettre une virgule après les unités entières du quotient, pour les distinguer des chiffres décimaux, dont le nombre doit être égal à celui des zéros successivement écrits à la suite des restes (*).

(*) L'opération que l'on vient d'effectuer sur les décimales n'est qu'un cas particulier de cette autre plus générale : *Évaluer le quotient d'une division, en fractions d'une espèce donnée ;* et pour

96. Le numérateur d'une fraction étant converti en parties décimales, pourra se diviser par le dénominateur, comme dans l'exemple précédent, et par ce moyen la fraction sera convertie en décimales. Soit, pour exemple, la fraction $\frac{1}{8}$; on opérera comme ci-dessous.

$$\begin{array}{c|l} 1 & 8 \\ \hline 10 & 0,125 \\ 20 & \\ 40 & \end{array}$$

Soit encore la fraction $\frac{4}{797}$; il faut d'abord convertir le numérateur en millièmes avant de pouvoir commencer la division écrite plus bas.

$$\begin{array}{c|ll} 4 & 797 & (*) \\ \hline 4000 & 0,005018 & \\ 1500 & & \\ 7030 & & \\ 654 & & \end{array}$$

97. Quelque loin qu'on pousse cette dernière division,

---

le faire, on convertit le dividende en fraction de la même espèce, en le multipliant par le dénominateur donné. Ainsi, pour évaluer en quinzièmes le quotient de 7 par 3, on multipliera 7 par 15, et on divisera le produit 105 par 3; on aura 35 quinzièmes ou $\frac{35}{15}$, pour le quotient demandé.

(*) On peut aussi se proposer de convertir une fraction donnée en fraction d'une autre espèce, mais plus petite que la première; de transformer, par exemple, $\frac{3}{4}$ en dix-septièmes; c'est à quoi l'on parviendra en multipliant 3 par 17, et divisant le produit par 4. On trouvera de cette manière $\frac{51}{4}$ de dix-septième, ou $\frac{12}{17}$ et $\frac{3}{4}$ de dix-septième; or $\frac{3}{4}$ de $\frac{1}{17}$ équivalent à $\frac{3}{68}$: le résultat $\frac{12}{17}$ est donc approché à $\frac{3}{68}$ près.

Cette opération et celle de la note précédente reposent sur le même principe que l'opération correspondante dans le système décimal.

on n'obtiendra jamais un quotient exact, parce que la fraction $\frac{4}{737}$ ne peut, comme la fraction $\frac{1}{8}$, s'exprimer rigoureusement avec les décimales.

Cette différence tient à ce que le dénominateur de la fraction, qui ne divise point son numérateur, ne peut donner un quotient exact que lorsqu'il divise l'un des nombres 10, 100, 1000, etc., par lesquels on multiplie successivement son numérateur, parce que c'est un principe qu'on trouvera démontré dans l'Algèbre, que tout nombre ne peut diviser un produit, qu'autant que ses facteurs divisent ceux de ce produit. Or les nombres 10, 100, 1000, etc., étant tous formés du nombre 10, dont les facteurs sont 2 et 5, ne sont divisibles que par des nombres formés de ces mêmes facteurs; 8 est dans ce cas, puisqu'il résulte de 2 par 2 par 2.

Les fractions qui ne peuvent pas s'évaluer rigoureusement par des décimales, offrent dans leur expression approchée, lorsqu'on la pousse assez loin, un caractère qui sert à les faire retrouver; c'est le retour périodique des mêmes chiffres.

Si l'on convertit en décimales la fraction $\frac{12}{37}$, on trouvera 0,324324........, et les chiffres 3, 2, 4, reviendront toujours dans le même ordre, sans que l'opération puisse jamais s'arrêter.

En effet, comme il ne peut y avoir pour reste, dans chaque division, que l'un des nombres entiers qui précèdent le diviseur, il faut nécessairement, que quand on aura fait plus de divisions qu'il n'y a de ces nombres, on retombe sur quelqu'un des restes précédens, et que, par conséquent, les dividendes partiels reviennent dans le même ordre. Dans l'exemple ci-dessus, trois divisions suffisent pour amener ce retour; mais il en faudrait six pour la fraction $\frac{1}{7}$, parce qu'on trouverait alors pour restes les six nombres

qui sont au-dessous de 7, et il viendrait 0,1428571...
La fraction $\frac{1}{3}$ conduit seulement à 0,3333......

98. Les fractions qui ont pour dénominateur un nombre quelconque de 9, n'ont dans leur période que le chiffre significatif 1;

$\frac{1}{9}$ donne 0,1111......

$\frac{1}{99}$...... 0,010101......

$\frac{1}{999}$..... 0,001001001.....

et ainsi des autres, puisque chaque division partielle s'effectuant sur les nombres 10, 100, 1000, etc. laisse toujours pour reste l'unité.

En profitant de cette remarque, on passe aisément d'une fraction décimale périodique, à la fraction ordinaire dont elle dérive. On voit, par exemple, que 0,33333...... revient à la fraction 0,11111..... multipliée par 3; et comme cette dernière est le développement de $\frac{1}{9}$, on en conclut que la première est celui de $\frac{3}{9}$ multiplié par 3, ou de $\frac{3}{9}$, ou enfin de $\frac{1}{3}$.

Quand il s'agit des fractions dont la période est composée de deux chiffres, on les compare au développement de $\frac{1}{99}$, à celui de $\frac{1}{999}$ lorsque leur période renferme trois chiffres, et ainsi de suite.

Soit pour exemple 0,324324.....; il est évident que cette fraction se formerait en multipliant 0,001001.,... par le nombre 324 : en multipliant donc $\frac{1}{999}$, dont celle-ci est le développement, par 324, on aura $\frac{324}{999}$ pour la première; et les deux termes de ce résultat étant divisés par 27, on retombera sur la fraction $\frac{12}{37}$.

En général, *la fraction ordinaire d'où résulte une fraction décimale, se forme en écrivant comme dénominateur, sous le nombre qu'exprime une période, autant de 9 qu'il y a de chiffres dans cette période.*

Si la période de la fraction ne commençait pas au premier chiffre décimal, on pourrait transporter, pour un moment, la virgule, immédiatement avant son premier chiffre, et évaluer la fraction à partir de ce chiffre seulement, en considérant comme des unités ceux qui sont à gauche ; il n'y aurait plus ensuite qu'à diviser le résultat par 10, 100, 1000, etc. , d'après le nombre de places dont on aurait reculé la virgule vers la droite.

La fraction 0,324141....., par exemple, s'écrira d'abord ainsi 32,4141.....; la partie 0,4141.... répondant à $\frac{41}{99}$, on aura le résultat 32 $\frac{41}{99}$, qu'il faudra diviser par 100, puisque la virgule a été reculée de deux places vers la droite, et il viendra en conséquence $\frac{32}{100}$ et $\frac{41}{9900}$, ou en réduisant au même dénominateur $\frac{3209}{9900}$, fraction qui reproduirait le développement proposé.

Pour se former une idée bien exacte de la nature de ces expressions , il suffit de considérer la fraction 0,999...... En cherchant à remonter à sa valeur primitive, on trouve qu'elle répond à 9 divisé par 9, ce qui n'est autre chose que l'unité ; cependant , quel que soit le nombre des chiffres auquel on s'arrête dans son expression, on ne formera jamais l'unité. Si l'on se borne au premier, il s'en faudra de $\frac{1}{10}$, au second de $\frac{1}{100}$, au troisième de $\frac{1}{1000}$, et ainsi de suite : ensorte que l'on peut arriver aussi près de l'unité que l'on voudra, mais sans jamais l'atteindre. L'unité n'est donc ici qu'une *limite* dont l'expression 0,999..... approche d'autant plus qu'on y insère plus de chiffres.

99. Ce qui précède renferme les règles vraiment essentielles de l'arithmétique des nombres abstraits ; mais pour les appliquer aux usages de la société, il faut connaître les diverses unités dont on se sert pour comparer entr'elles, ou évaluer les quantités, sous quelque forme qu'elles se présentent. Ces unités, qui sont les *mesures* en usage, ont varié avec les temps et les lieux ; leur enchaînement ne s'est formé que peu à peu, selon

que le besoin et le progrès des arts et des sciences ont obligé de mettre plus d'exactitude dans l'appréciation des matières, dans la construction des instrumens.

Après avoir montré pendant long-temps les inconvéniens d'un système composé de parties incohérentes, et dont le défaut de liaison mettait dans les calculs une complication inutile et même nuisible à l'instruction générale, les plus illustres Savans français ont enfin obtenu l'établissement de nouvelles mesures liées entr'elles, assujéties à la marche du système de numération, prises immédiatement sur les dimensions du globe que nous habitons, et sur la plus répandue des substances qu'il nous présente. L'étendue de ce Traité et la place qu'il occupe dans l'enseignement ne me permettent pas de présenter l'extrait de tous les travaux scientifiques exécutés pour l'établissement de ce système, et qui en font le plus beau des monumens élevés à la gloire des sciences et à l'utilité publique dans le siècle dernier; je me bornerai à en exposer sommairement les principes et l'usage.

Exposition du nouveau système métrique, et applications usuelles de l'Arithmétique.

100. Les mesures prennent des formes et des noms différens, suivant l'espèce de grandeurs à laquelle on les applique. Ces grandeurs peuvent être classées ainsi :

Les longueurs, d'où naissent les mesures linéaires;

Les superficies ou les aires ;

Les volumes ou les capacités, par lesquelles on compare entr'eux les corps, soit solides, soit liquides ;

Enfin les pesanteurs ou les poids, qui servent aussi à la comparaison des corps.

*L'*unité de longueur ou l'unité linéaire s'appelle *mètre;*
*L'*unité de superficie, *are;*
*L'*unité de volume, *stère* ou *mètre cube* (*) ;
*L'*unité de capacité, *litre ;*
*L'*unité de poids, *gramme ;*

Pour composer des mesures plus grandes ou plus petites que les précédentes, on se sert des mots *myria, kilo, hecto, déca, déci, centi, milli, etc.* tirés du grec et du latin, et qui désignent respectivement des dixaines de mille, des mille, des centaines, des dixaines, des dixièmes, des centièmes, des millièmes, etc. Les mesures de longueur forment donc la série suivante : *myriamètre, kilomètre, hectomètre, décamètre,* MÈTRE, *décimètre, centimètre, millimètre, etc.*

Chacune de ces mesures est dix fois plus grande que celle qui la suit, et dix fois plus petite que celle qui la précède immédiatement dans l'ordre de la série.

Le *litre* est une mesure de capacité ; sa contenance équivaut au décimètre cube.

Les noms des mesures de capacité se composent comme ceux des mesures de longueur ; ainsi on dira : *hectolitre, décalitre,* LITRE, *décilitre, centilitre, etc.*

Le *gramme* est un poids égal au poids d'un centimètre cube d'eau pure (**). Le *myriagramme,* le *kilogramme,* l'*hectogramme,* le *décagramme,* le GRAMME, le *décigramme,* le *centigramme, etc.,* forment une série décimale, de même que les autres mesures.

(*) On nomme *cube* un corps terminé par six faces quarrées et égales.

(**) Pour obtenir plus d'exactitude dans la détermination de cette unité, on s'est servi d'eau distillée, qu'on a ramenée à son *maximum* de densité, par un refroidissement convenable.

L'are

TABLEAU DES MESURES DÉCIMALES,

Montrant le système méthodique de leur nomenclature.

RAPPORTS DES MESURES de chaque espèce A LEUR MESURE PRINCIPALE.		PREMIÈRE PARTIE du nom qui indique le rapport à la mesure principale.	MESURES PRINCIPALES					EXEMPLES DES NOMS COMPOSÉS pour exprimer différentes unités de mesures.
EN LETTRES.	EN CHIFFRES.		DE LONGUEUR.	DE CAPACITÉ.	DE POIDS.	AGRAIRE.	POUR LE BOIS de chauffage.	
Dix mille...	10000	Myria......(M.)	MÈTRE (mè.)	LITRE (li.)	GRAMME (gr.)	ARE (ar.)	STÈRE (st.)	MYRIAMÈTRE, longueur de dix mille mètres.
Mille.......	1000	Kilo........(K.)						KILOGRAMME, poids de mille grammes.
Cent.......	100	Hecto......(H.)						HECTARE, mesure agraire de cent ares.
Dix........	10	Déca.......(D.)						DÉCALITRE, mesure de capacité de dix litres.
Un..	1	...............*.*						DÉCIMÈTRE, dixième partie du mètre.
Un dixième.	0,1	Déci........(d.)						CENTIGRAMME, centième partie du gramme.
Un centième.	0,01	Centi........(c.)						
Un millième.	0,001	Milli......(m.)						*Nota.* Plusieurs composés, tels que *décaare*, *kiloare*, et tous ceux qui sont formés avec le stère, ne sont point d'usage.
Rapports des mesures principales entre elles et avec la grandeur du Méridien............			Dix-millionième partie de la distance du pôle à l'équateur.	Un décimètre cube.	Poids d'un centimètre cube d'eau distillée.	Cent mètres quarrés.	Un mètre cube.	L'unité monétaire s'appelle FRANC. Le franc se divise en dix DÉCIMES, Et le décime en dix CENTIMES. La valeur du franc est celle d'une pièce d'argent à neuf dixièmes de fin, pesant cinq grammes.

L'*are* est une mesure de superficie, égale au dé-camètre quarré, c'est-à-dire à un quarré dont le côté serait un décamètre, ou bien encore à cent mètres quarrés. Il n'y a que deux multiples de l'are qui paraissent avoir quelque utilité ; l'un est l'*hectare*, qui vaut cent *ares* ; l'autre est le *myriare*, qui en vaut dix mille.

Le *stère* pour le bois de chauffage est un mètre cube, ce qui suppose des bûches de la longueur d'un mètre, placées dans un châssis quarré, d'un mètre de côté, ou tout autre arrangement équivalent. Les composés du stère ne paraissent pas devoir servir aux usages ordinaires.

Enfin les unités de monnaie sont connues maintenant sous le nom de *franc*, de *décime*, de *centime*. Leurs valeurs relatives sont également de dix en dix fois plus petites.

Le franc a été formé sur une pièce d'argent du poids de 5 grammes, et alliée de $\frac{1}{10}$ de cuivre (*).

Le tableau ci-joint est très-propre à faire sentir les avantages de l'uniformité introduite dans la nomenclature des multiples et des subdivisions des mesures prises pour unités. A côté de chaque nom se trouve, entre parenthèses, l'abréviation proposée par M. Dillon, alors vérificateur général des poids et mesures.

101. Toutes les questions dans lesquelles il s'agit de

(*) Un caractère essentiel qui assure à ce système la supériorité sur tout ce qui a été fait en ce genre, c'est que toutes les mesures sont liées entr'elles, et ont un rapport immédiat avec les dimensions mêmes du sphéroïde terrestre. Le mètre est la dix-millionième partie de la distance du pôle à l'équateur, comptée sur le méridien qui passe à Paris. L'arc de ce méridien, qui traverse la France, ayant été mesuré avec une exactitude inconnue jusqu'ici, et calculé avec la plus grande précision par les méthodes de M. Delambre, on en a conclu la distance qui se trouve entre le pôle et l'équateur, d'après laquelle on a formé le mètre.

réunir en un seul plusieurs nombres d'une même espèce de mesures, se rapportent évidemment à l'addition.

Ainsi, pour savoir ce qu'ont produit trois marchés dans lesquels on a vendu successivement pour $1334^{fr.},45$, $1951^{fr.},17$, $183^{fr.},11$ d'une certaine denrée, il suffit d'ajouter les trois nombres ci-dessus, et la réponse à la question proposée se trouvera dans le total $3468^{fr.},73$.

Je suppose encore qu'on achète quatre pièces d'étoffe dont les longueurs soient exprimées par $217^{m\grave{e}},43$ $97^{m\grave{e}},21$, $194^{m\grave{e}},07$, $51^{m\grave{e}},34$, la somme de ces nombres, exprimée par $560^{m\grave{e}},05$, donnera la quantité totale d'étoffe.

L'application de la soustraction est trop facile pour m'y arrêter.

102. Il est visible que c'est avec le secours de la multiplication qu'on trouve la valeur d'un nombre donné de choses de même espèce et de même valeur, lorsqu'on connaît cette dernière, qu'il s'agit alors de répéter autant de fois qu'il y a de choses, quelles que soient ces choses.

On voit que le produit ne dépend pas de l'espèce des unités du multiplicateur, mais qu'il est de celle du multiplicande, et que le multiplicateur doit être envisagé comme un nombre abstrait. Cette considération sert à déterminer dans une multiplication de nombres concrets, celui qu'on doit prendre pour multiplicateur.

Si, par exemple, le mètre d'une certaine étoffe coûte $19^{fr.},25$, et que l'on demande le prix d'une pièce contenant $37^{m\grave{e}},14$, il suffira de multiplier $19^{fr.},25$ par $37,14$; le produit $714^{fr.},95$ sera le prix demandé.

En effet, il est évident que le prix de la pièce doit être composé avec celui du mètre, de la même manière que la longueur de cette pièce est composée avec le mètre. Ainsi, la pièce contenant 37 fois le mètre plus $\frac{14}{100}$ de cette mesure, doit coûter 37 fois $19^{fr.},25$ plus

$\frac{14}{100}$ de ce prix ; il faut donc multiplier $19^{fr.},25$ par 37 et $\frac{14}{100}$, et ces deux opérations sont réunies en une seule lorsqu'on prend $37,14$ pour multiplicateur.

On peut encore concevoir l'opération sous ce point de vue, fort simple : en regardant d'abord la somme de $19^{fr.},25$ comme le prix du centimètre d'étoffe, c'est-à-dire de l'unité du dernier ordre du multiplicateur, il devient évident que le prix total doit s'obtenir en répétant 3714 fois la somme de $19^{fr.},25$; mais 3714 étant un nombre cent fois plus grand que le véritable multiplicateur $37,14$, on ramènera le produit à sa juste valeur, en prenant la centième partie, ou séparant deux chiffres décimaux de plus.

Enfin, en troisième lieu, on reconnaît sans peine que le prix du mètre étant de $19^{fr.},25$, celui de l'unité du dernier ordre du multiplicateur ou du centimètre, dans l'exemple actuel, devant en être la centième partie, sera exprimé par $0^{fr.},1925$, et l'on aura le prix de $37^{mt},14$, ou 3714 centimètres, en multipliant $0^{fr.},1915$ par 3714.

103. Cette manière d'envisager la question repose sur la facilité de convertir, les unes dans les autres, les subdivisions d'une même espèce de mesures, par le simple changement de place de la virgule, suivant les remarques du numéro 90. Si l'on voulait, par exemple, convertir $314^{mt},513$ en décimètres, il suffirait de reculer la virgule d'un rang vers la droite, ce qui donnerait $3145^{dme},13$, puisqu'alors on prendrait le décimètre pour l'unité.

En supprimant la virgule, les millimètres deviennent des unités, et l'on a par conséquent le nombre de millimètres contenus dans la grandeur proposée, exprimé par 314513^{mme}.

104. On reviendrait de cette dernière subdivision à

celles qui la précèdent, c'est-à-dire au centimètre, au décimètre, au mètre , en séparant successivement une , deux ou trois décimales. Si l'on en séparait quatre, on prendrait le décamètre pour unité , et l'on aurait $31^{\text{dmé}},4513$; continuant de la même manière, il viendrait $3^{\text{Hmé}},14513$, etc.

Ces considérations et celles du numéro précédent s'appliqueraient sans peine à toute autre espèce de mesures du système décimal, et offrent un des plus grands avantages de ce système.

105. Je vais indiquer à présent quelques usages de la division. Elle sert premièrement à résoudre toutes les questions du genre de la suivante : *Connaissant ce qu'a coûté un certain nombre de choses de la même valeur, trouver cette valeur ?* Cela se voit en observant que le prix connu est nécessairement le produit du prix d'une chose , multiplié par le nombre des choses (102); car il résulte de là qu'en divisant ce produit par le facteur connu, qui est le nombre des choses, on doit obtenir pour quotient l'autre facteur, ou le prix d'une seule chose (36).

Je suppose, par exemple , qu'ayant payé $19^{\text{mé}},13$ d'étoffes , $315^{\text{fr}},45$, on demande à combien revient le mètre ? Pour le trouver on divisera $315^{\text{fr}},45$ par $19,13$; on obtiendra $16^{\text{fr}},49$.

On parviendrait encore au résultat de cette manière : Si l'on convertissait $19^{\text{mé}},13$ en 1913 centimètres , et qu'on divisât $315^{\text{fr}},45$ par 1913, on aurait le prix du centimètre , qu'il faudrait multiplier ensuite par 100 pour avoir celui du mètre : or il est évident qu'en employant un diviseur tel que $19,13$, cent fois plus petit que 1913, on obtiendra un quotient cent fois plus grand, et par conséquent égal à celui qu'on cherche. En-divisant donc 315^{fr},45 par 19,13, on trouvera 16^{fr},49 pour le prix du mètre d'étoffe.

106. Voici une seconde question dans laquelle le dividende et le diviseur sont tous deux de même nature, et où le quotient est d'une nature différente.

On demande combien, pour 529^{fr},35, l'on aura de kilogrammes d'une certaine marchandise qui coûte 14^{fr},5 le kilogramme ? Il est clair que le nombre de kilogrammes cherché est égal au nombre de fois que la somme 529^{fr},35 contient 14^{fr},5, prix d'un kilogramme. Si donc on divise 529,35 par 14,5, le quotient 36,50689 sera des kilogrammes et des subdivisions de cette espèce d'unités.

107. L'emploi des fractions s'offre de lui-même par l'énoncé des questions. Si, par exemple, il fallait évaluer les $\frac{3}{4}$ de 219^{fr},6, on aurait à multiplier 219^{fr},6 par $\frac{3}{4}$, c'est-à-dire à multiplier ce nombre par 3, et à diviser ensuite le résultat par 4, ce qui donnera 164^{fr},7 (66).

On pourrait multiplier beaucoup les diverses questions qui se résolvent par les quatre règles, mais ce soin est inutile ; car l'application de ces règles ne saurait présenter aucune difficulté, lorsque l'on comprend bien la définition et le but de chacune.

Des Proportions.

108. On a vu dans ce qui précède les diverses méthodes nécessaires pour effectuer sur les nombres, soit entiers, soit fractionnaires, les quatre opérations fondamentales de l'arithmétique, l'addition, la soustraction, la multiplication et la division ; et toutes les questions relatives aux nombres doivent être regardées comme résolues, lorsque, par l'examen attentif de leur énoncé, on est parvenu à les réduire à quelques-unes de ces

opérations. Je pourrais en conséquence terminer ici ce que j'ai à dire sur l'Arithmétique ; car le reste est, à proprement parler, du ressort de l'Algèbre : mais cependant je vais résoudre quelques questions qui, en exerçant les lecteurs sur ce qu'ils ont déjà vu, les prépareront à l'analyse algébrique, et les conduiront à une théorie bien importante, celle des rapports et des proportions, que l'on comprend ordinairement dans l'Arithmétique.

109. Une pièce de drap contenant 13 mètres a été payée 130 francs : on demande combien coûterait une pièce du même drap, qui aurait 18 mètres de longueur?

Il est évident que si on savait à combien revient le mètre du drap qu'on a acheté, on répéterait ce prix dix-huit fois, et on aurait pour résultat le prix de la pièce composée de 18 mètres ; or, puisque 13 mètres ont coûté 130 fr., un mètre seul aurait coûté la treizième partie de 130 fr. ou $\frac{130}{13}$: faisant la division, on trouve pour résultat 10 fr., et multipliant ce nombre par 18, il vient 180 fr. pour la somme demandée. Telle est, en effet, la valeur de la pièce de dix-huit mètres.

Un courrier qui va toujours également vite, ayant fait 5 myriamètres en 3 heures, on demande combien il en ferait en 11 heures ?

En raisonnant comme dans l'exemple précédent, on voit que ce courrier ferait en une heure, $\frac{1}{3}$ de 5 myriamètres, ou $\frac{5}{3}$, et que dans 11 heures il en ferait 11 fois autant, ou $\frac{5}{3}$ de myriamètre multipliés par 11, ou enfin $\frac{55}{3}$, ce qui vaut 18 myriamètres et $\frac{1}{3}$.

Je suppose encore qu'on demande dans combien de temps le courrier de la question précédente ferait 22 myriamètres ?

On voit que si on connaissait le temps qu'il met à

faire un myriamètre, on répéterait ce temps 22 fois, et on aurait pour résultat le nombre d'heures cherché; or le courrier dont il s'agit, mettant 3 heures à faire 5 myriamètres, n'emploiera que $\frac{1}{5}$ de ce temps, ou $\frac{3}{5}$ d'heure, pour faire un myriamètre : ce nombre étant multiplié par 22, donne $\frac{66}{5}$ ou 13 heures $\frac{1}{5}$; et comme l'heure est de 60 minutes, on aura 13 heures 12 minutes au lieu de 13 heures et $\frac{1}{5}$.

110. C'est par l'analyse de chacun des énoncés précédens, que j'ai découvert la quantité inconnue ; mais dans toutes ces questions, les nombres connus et les nombres cherchés dépendent les uns des autres d'une manière qu'il est à propos d'examiner.

Pour cela, je reprends la première question, dans laquelle il s'agit de connaître le prix de 18 mètres de drap, dont 13 ont été payés 130 fr.

Il est évident que la somme à payer pour une pièce de l'étoffe dont il s'agit, deviendrait double si cette pièce contenait un nombre de mètres double du premier; que si ce nombre devenait triple, le prix triplerait aussi, et ainsi de suite : enfin, que pour la moitié ou les $\frac{2}{3}$ de la pièce, on n'aurait à payer que la moitié ou les deux tiers du prix total.

D'après ces notions, que tous ceux qui entendent la propriété des termes admettent sans difficulté, on voit que si on a deux pièces du même drap, le prix de la seconde doit contenir celui de la première autant que la longueur de la seconde contient celle de la première; et cette circonstance s'énonce en disant que les prix sont en *proportion* des longueurs, ou sont entr'eux dans le même *rapport* que les longueurs.

Cet exemple va servir à fixer le sens de plusieurs expressions qui reviennent souvent.

111. Le *rapport* des longueurs est le nombre, soit entier, soit fractionnaire, qui exprime combien l'une des longueurs contient l'autre. Si la première pièce avait 4 mètres et la seconde 8, le rapport de celle-ci à l'autre serait 2, puisque 8 contient 4 deux fois. Dans l'exemple ci-dessus, la première pièce avait 13 mètres et la seconde 18; le rapport de celle-ci à l'autre était donc $\frac{18}{13}$, ou 1 et $\frac{5}{13}$. En général, *le rapport, ou la raison de deux nombres, est le quotient de l'un par l'autre.*

Les prix ayant entr'eux le même rapport que les longueurs, il faut que 180, prix de la seconde pièce, étant divisé par 130, prix de la première, donne $\frac{18}{13}$ pour quotient, et c'est ce qui a lieu en effet; car en réduisant $\frac{180}{130}$ à sa plus simple expression, on a $\frac{18}{13}$.

Les quatre nombres 13, 18, 130, 180, écrits dans l'ordre où on les voit ici, sont donc tels, que *le deuxième contient le premier, autant de fois que le quatrième contient le troisième;* et ils forment ainsi ce qu'on appelle une *proportion.*

Les nombres 13, 18, 130 et 180 se nomment les *termes* de la proportion.

On dit aussi qu'une *proportion est l'assemblage de deux rapports égaux.*

Il faut observer à cette occasion, qu'un rapport ne change pas lorsqu'on multiplie ou qu'on divise ses deux termes par un même nombre; et cela est évident, puisque ce rapport n'étant que le quotient d'une division, peut toujours être mis sous une forme fractionnaire. C'est ainsi que le rapport $\frac{18}{13}$ est le même que $\frac{180}{130}$.

Les mêmes considérations s'appliquent encore au deuxième exemple. Le courrier qui fait 5 myriamètres en 3 heures, ferait un chemin double dans un temps double, triple dans un temps triple; ainsi, 11 heures, -

nombre qui exprime le temps que ce courrier a employé pour faire 18 myriamètres et $\frac{1}{3}$, ou $\frac{55}{3}$ de myriamètre, doit contenir 3 heures, nombre qui marque le temps qu'il met à faire 5 myriamètres, autant que $\frac{55}{3}$ contient 5 : les quatre nombres 5, $\frac{55}{3}$, 3, 11, sont donc en proportion; et en effet, si on divise $\frac{55}{3}$, par 5, on aura $\frac{55}{15}$, résultat équivalent à $\frac{11}{3}$. Il sera facile maintenant de reconnaître tous les cas où il y aura proportion entre quatre nombres.

112. Pour indiquer qu'il y a proportion entre les nombres 13, 18, 130 et 180, on les écrit ainsi : 13 : 18 :: 130 : 180 ; et on énonce : 13 *est à* 18 *comme* 130 *est à* 180; ce qui veut dire que 13 est la même partie de 18, que 130 l'est de 180, ou que 13 est contenu dans 18 autant de fois que 130 l'est dans 180, ou enfin que le rapport de 18 à 13 est le même que celui de 180 à 130.

Le premier terme d'un rapport s'appelle *antécédent*, et le second se nomme *conséquent*. Dans une proportion, il y a deux *antécédens* et deux *conséquens*, savoir, l'antécédent du premier rapport et celui du second, le conséquent du premier rapport et celui du second. Dans la proportion 13 : 18 :: 130 : 180, les antécédens sont 13, 130, les conséquens sont 18 et 180.

Je prendrai désormais le conséquent du rapport pour le numérateur de la fraction qui exprime le rapport, et l'antécédent pour le dénominateur.

113. Pour s'assurer qu'il y a proportion entre les quatre nombres 13, 18, 130 et 180, il faut voir si les fractions $\frac{18}{13}$ et $\frac{180}{130}$ sont égales, et pour cela, réduire la seconde à sa plus simple expression ; mais on peut aussi faire la même vérification en observant que si par la nature de la proportion, les deux fractions $\frac{18}{13}$ et $\frac{180}{130}$ sont équivalentes comme on le suppose, il s'ensuit qu'en les

réduisant au même dénominateur, le numérateur de l'une deviendra égal à celui de l'autre, et que par conséquent 18 multiplié par 130 donnera le même produit que 180 par 13. C'est ce qui a lieu, en effet; et le raisonnement qui l'a fait connaître étant indépendant de la valeur particulière des nombres, prouve que *si quatre nombres sont en proportion, le produit du premier et du dernier, ou des deux* extrêmes, *est égal à celui du deuxième et du troisième, ou des deux* moyens.

On voit en même temps que si les quatre nombres proposés n'étaient pas en proportion, ils n'auraient pas la propriété énoncée ci-dessus; car la fraction qui exprime le premier rapport n'étant pas équivalente à celle qui exprime le second, le numérateur de l'une ne deviendrait pas égal à celui de l'autre, lorsqu'on les réduirait toutes deux au même dénominateur.

114. La première conséquence qui se déduit naturellement de ce qui précède, c'est qu'on peut changer l'ordre des termes d'une proportion, pourvu que celui qu'on établit soit tel, que le produit des extrêmes demeure égal à celui des moyens. Dans la proportion 13 : 18 :: 130 : 180, on peut donc faire les arrangemens suivans :

$$13 : 18 :: 130 : 180$$
$$13 : 130 :: 18 : 180$$
$$180 : 130 :: 18 : 13$$
$$180 : 18 :: 130 : 13$$
$$18 : 13 :: 180 : 130$$
$$18 : 180 :: 13 : 130$$
$$130 : 13 :: 180 : 18$$
$$130 : 180 :: 13 : 18;$$

car dans chacun d'eux le produit des extrêmes et le produit des moyens demeurent formés des mêmes facteurs. Le second arrangement, dans lequel les moyens ont changé de place entr'eux, est un de ceux qui se pratiquent le plus souvent (*).

115. Il fait voir qu'on peut multiplier ou diviser par un même nombre, les deux antécédens ou les deux conséquens d'une proportion sans la troubler; car ce changement fait des deux antécédens le premier rapport, et des deux conséquens le second. Si on avait, par exemple, 55 : 21 :: 165 : 63, en changeant les moyens de place, il viendrait 55 : 165 :: 21 : 63; on pourrait alors diviser les deux termes qui forment le premier rapport par le nombre 5 (111), ce qui donnerait 11 : 33 :: 21 : 63; changeant de nouveau les moyens de place, on trouverait 11 : 21 :: 33 : 63, proportion qui est elle-même vraie, et qui ne diffère de la proposée qu'en ce que les deux antécédens ont été divisés par 5.

116. Puisque le produit des extrêmes est égal à celui des moyens, on peut prendre l'un pour l'autre; et comme en divisant le produit des extrêmes par un extrême, on trouverait nécessairement l'autre au quo-

---

(*) Je crois à propos d'observer que la proportion 13 : 130 :: 18 : 180 se serait présentée immédiatement sous cette forme, d'après la solution même de la question du numéro 109; car on peut avoir la valeur d'un mètre de drap de deux manières, savoir : en divisant le prix de la pièce de 13 mètres par 13, ou en divisant celui de la pièce de 18 mètres par 18. Il suit donc de là que le prix de la première doit contenir 13 autant que le prix de la seconde contient 18; on aura donc 13 : 130 :: 18 : 180. On pourrait raisonner de même sur la deuxième question du même numéro, ainsi que sur toutes celles de ce genre, et dériver de là les proportions; mais j'ai préféré le point de vue du numéro 109, parce qu'il conduit à comparer entr'elles des quantités de même espèce, tandis qu'ici il faut comparer les prix, qui sont des sommes d'argent, à des mètres, qui sont des mesures de longueur, ce qui ne peut se faire qu'en réduisant les uns et les autres à des nombres abstraits.

tient, *il faudra qu'en divisant le produit des moyens par un extrême, on trouve de même l'autre extréme.* Par la même raison, *si on divise le produit des extrêmes par un des moyens, on obtiendra l'autre moyen.*

On peut donc trouver un terme quelconque d'une proportion, lorsqu'on connaît les trois autres; car le terme cherché ne peut être que l'un des extrêmes ou l'un des moyens.

La question du n° 109 se résout par l'une des règles ci-dessus. En effet, lorsqu'on a reconnu que les prix des deux pièces de drap sont en proportion avec le nombre de mètres contenus dans chacune, on écrit ainsi cette proportion :

$$13 : 18 :: 130 : x,$$

en mettant la lettre x pour tenir la place du prix cherché de la pièce de 18 mètres; et on trouve ce prix, qui est l'un des extrêmes, en multipliant entr'eux les deux moyens 18 et 130, ce qui donne 2340; et en divisant ce produit par l'extrême connu 13 : on a pour résultat 180.

L'opération par laquelle trois quelconques des termes d'une proportion étant donnés, on trouve le quatrième, s'appelle *règle de trois*. Les auteurs de la plupart des livres d'Arithmétique en ont distingué de plusieurs espèces; mais cet échafaudage est inutile lorsque l'on a bien conçu ce qui constitue la proportion, et qu'on entend bien l'énoncé de la question proposée. Quelques applications vont éclaircir ceci.

117. Un ouvrier ayant fait $217^{mè},5$ d'ouvrage en 9 jours, on demande combien il mettrait de temps à en faire 423,9, en supposant qu'il travaillât toujours de la même manière?

Dans cette question, l'inconnue est un nombre de jours qui doit contenir les neuf jours employés à faire

217me,5 autant que 423,9 contiént 217,5; on a donc la proportion suivante : 217,5 : 423,9 :: 9 : x, et on trouve pour x, 17,54.

118. Toute la difficulté des questions qu'on peut rencontrer, ne consiste que dans la manière d'établir la proportion; et voici des règles sûres pour la former dans tous les cas.

Parmi les quatre termes qui doivent composer la proportion, il y a deux nombres qui sont d'une même espèce, et deux nombres qui sont aussi d'une même espèce, mais différente de la première. Dans l'exemple précédent, deux des termes exprimaient des mètres, et les autres des jours.

Il faut donc d'abord distinguer les deux termes de chaque espèce; et quand cela sera fait, on aura nécessairement le quotient du plus grand terme de la seconde espèce divisé par le plus petit terme de cette espèce, égal au quotient du plus grand terme de la première espèce, divisé par le plus petit de cette espèce, ce qui donnera cette proportion :

le plus petit terme de la première espèce
est
au plus grand terme de cette espèce,
comme
le plus petit terme de la seconde espèce
est
au plus grand de cette espèce.

Dans l'exemple précédent, cette règle donne tout de suite, 217,5 : 423,9 :: 9 : x; car le terme inconnu doit être plus grand que 9, puisqu'il faut d'autant plus de jours qu'il y a plus d'ouvrage à faire.

119. Si on s'était proposé de trouver combien 27 ouvriers mettraient de jours à exécuter un ouvrage que 15

ouvriers, qui travaillaient autant que ceux-ci, ont fait en 18 jours, on verrait qu'il faut d'autant moins de jours qu'il y a plus d'ouvriers, et réciproquement. Il y a bien encore proportion dans ce cas, mais dans un ordre inverse; car si le nombre des ouvriers de la seconde bande était triple de celui de la première, par exemple, il ne leur faudrait que le tiers du temps employé par ceux-ci : ce serait donc le premier nombre de jours qui devrait contenir le second, autant que le second nombre d'ouvriers contient le premier.

L'ordre dans lequel ces quantités se contiennent étant l'inverse de celui qui leur est assigné par l'énoncé de la question, on dit que les deux nombres d'ouvriers sont en *raison inverse* des nombres de jours. Si on comparait les deux premiers et les deux derniers dans l'ordre où ils se présentent, le rapport des uns serait 3 ou $\frac{3}{1}$, et celui des autres serait $\frac{1}{3}$, fraction inverse de $\frac{3}{1}$.

On voit bien en effet qu'on renverse un rapport en renversant la fraction qui l'exprime, puisqu'on fait ainsi passer l'antécédent à la place du conséquent, et le conséquent à la place de l'antécédent : $\frac{2}{3}$ ou 2 : 3 est l'inverse de $\frac{2}{3}$ ou de 3 : 2.

La règle du numéro précédent simplifie beaucoup ces considérations; car en prenant les deux nombres d'ouvriers pour les quantités de la première espèce, les deux nombres de jours pour celles de la seconde, et posant les unes et les autres d'après leur ordre de grandeur, on a cette proportion :

$$15 : 27 :: x : 18,$$

de laquelle on tire x égal à 10.

120. Voici encore quelques exemples pour exercer le lecteur.

1°. Un homme a placé 3575 fr. dans un commerce, à raison de 5 pour cent d'intérêt par an; on demande à combien doit se monter, au bout d'un an, l'intérêt de son capital?

L'expression 5 pour 100 d'intérêt, qu'on écrit ainsi : 5 p. $\frac{0}{0}$, signifie qu'une somme de 100 fr. rapporterait 5 fr. au bout d'un an; en prenant donc les deux capitaux pour les quantités de la première espèce, et les intérêts pour celles de la seconde, on aura

$$100 : 3575 :: 5 : x,$$

proportion qui se réduit à 20 : 3575 :: 1 : x, d'après l'observation du numéro 115 : divisant encore les deux termes du premier rapport par 5, on trouve enfin

$$4 : 715 :: 1 : x, \text{d'où } x \text{ est égal à } \frac{715}{4} \text{ ou à } 178^{fr.},75.$$

On peut encore résoudre cette question en observant que 5 sont $\frac{1}{20}$ de 100, et que par conséquent on aura l'intérêt d'une somme quelconque à ce taux, en prenant le vingtième de cette somme; or $\frac{1}{20}$ de 3575 est $178^{fr.},75$, résultat conforme à celui qu'on a déjà trouvé ci-dessus.

2°. Un marchand a promis de payer 800 fr. dans un an; on passe son billet à un banquier qui en fait l'avance, huit mois avant l'époque du paiement : on demande combien doit donner le banquier? Le banquier ayant sorti de sa caisse une somme qui n'y doit rentrer que dans huit mois, il faut nécessairement qu'il trouve dans le remboursement qui lui sera fait, l'intérêt de ses fonds.

Que l'intérêt pour un an soit de 6 pour 100, l'intérêt pour huit mois en sera les $\frac{8}{12}$ ou les $\frac{2}{3}$: donc une somme de 100 fr. prêtée pour huit mois, doit produire 4 fr. d'intérêt, c'est-à-dire que celui qui l'a empruntée doit rendre 104 fr. La somme de 800 fr. avancée par le banquier n'étant qu'un semblable remboursement, on aura cette proportion :

$$104\ \text{fr.} \ :\ 100\ \text{fr.}\ ::\ 800\ :\ x,$$

d'où il viendra $769^{fr\cdot},23$ pour la valeur de x, c'est-à-dire pour la somme que le banquier doit donner (*).

Règle de trois composée.

121. La règle de trois s'applique encore à des questions dans lesquelles le rapport de la quantité cherché à la quantité donnée de même espèce, dépend de plusieurs circonstances qu'il faut combiner, et prend alors le nom de *règle de trois composée*. En voici quelques exemples.

Je suppose que l'on demande combien de myriamètres parcourrait en 17 jours un voyageur marchant 10 heures par jour, lorsqu'on sait qu'il a employé 29 jours à faire 112 myriamètres, en marchant 7 heures par jour.

Cette question peut se résoudre de deux manières : voici celle qui donne lieu à la règle de trois composée.

Le nombre de myriamètres parcourus dans chaque cas dépend de deux circonstances, savoir : du nombre de jours de route du voyageur, et du nombre d'heures pendant lesquelles il marche chaque jour.

On peut d'abord faire abstraction de cette dernière,

(*) L'opération par laquelle on évalue ainsi une somme payée d'avance, s'appelle *règle d'escompte*. On prend l'escompte de plusieurs manières ; mais celle que je donne ici est la plus rigoureuse, en n'ayant égard toutefois qu'à l'intérêt simple.

et

et supposer que le nombre d'heures reste le même dans le second cas que dans le premier. Alors la question serait posée ainsi : *Un voyageur a mis 29 jours à faire 112 myriamètres ; combien en ferait-il en 17 jours ?* et l'on aurait la proportion

$$29 : 17 :: 112 : x.$$

Le quatrième terme serait égal à 112 multiplié par 17 et divisé par 29, ou $\dfrac{1904}{29}$ myriamètres.

Maintenant, pour avoir égard à la différence des nombres d'heures de marche, on dirait : *Si, en marchant 7 heures par jour, pendant un certain nombre de jours, ce voyageur a fait $\dfrac{1904}{29}$ myriamètres, combien en ferait-il dans le même temps, s'il marchait 10 heures par jour ?* ce qui conduirait à la proportion suivante :

$$7\,\text{h.} : 10\,\text{h.} :: \dfrac{1904}{29}\ \text{myriamètres} : x,$$

dont le quatrième terme donnerait 93,793 pour le nombre de myriamètres demandé.

La question se résoudrait aussi en observant que 29 jours de marche, à 7 heures par jour, équivalent à 203 heures de marche, que 17 jours, à 10 heures par jour, donnent 170 heures, et que par conséquent le problème est ramené à cette proportion :

$$203\,\text{h.} : 170\,\text{h.} :: 112\ \text{myr.} : x,$$

par laquelle on trouve le chemin que doit faire le voyageur en 170 heures, d'après celui qu'il a fait en 203.

Treizième édition. C

122. Secondement, si 9 ouvriers, en travaillant 8 heures par jour, ont mis 24 jours à creuser un fossé de 65 mètres de longueur sur 13 de largeur et 5 de profondeur, combien faudrait-il de jours à 71 ouvriers de la même force que les premiers, et qui travailleraient 11 heures par jour, pour creuser un fossé de 327 mètres de longueur sur 18 dé largeur et 7 de profondeur?

Voilà encore une question fort compliquée en apparence, et qui se résout également par la règle de trois.

Si tout, à l'exception du nombre de jours et du nombre d'hommes, était semblable dans les deux cas énoncés, la question se réduirait à trouver combien il faudrait de jours à 71 hommes pour faire l'ouvrage qu'ont effectué 9 hommes en 24 jours ; on aurait donc (118)

$$9 : 71 :: x : 24 ;$$

mais ici, au lieu de calculer le nombre de jours, je me contente d'indiquer, comme dans le numéro 82, les nombres à multiplier entr'eux, et de placer au dénominateur ceux par lesquels il faut diviser : j'ai ainsi pour le nombre x de jours,

$$\frac{24 \text{ par } 9}{71}.$$

Mais les premiers ouvriers ne travaillant que 8 heures par jour, tandis que les seconds en travaillent 11, il faudra d'autant moins de jours à ceux-ci ; on aura donc

$$8 : 11 :: x : \frac{24 \text{ par } 9}{71},$$

d'où on conclura que le nombre de jours, dans cette circonstance, est

$$\frac{24 \text{ par } 9 \text{ par } 8}{71 \text{ par } 11}.$$

Ce nombre est celui des jours nécessaires aux 71 ouvriers, travaillant 11 heures par jour, pour creuser le premier fossé.

Les fossés étant d'inégales longueurs, il faudra d'autant plus de jours que le second sera plus long que le premier ; on aura ainsi

$$65 : 327 :: \frac{24 \text{ par } 9 \text{ par } 8}{71 \text{ par } 11} : x,$$

et le nombre de jours relatif à cette nouvelle circonstance sera

$$\frac{24 \text{ par } 9 \text{ par } 8 \text{ par } 327}{71 \text{ par } 11 \text{ par } 65}.$$

En ayant égard aux largeurs, qui ne sont pas les mêmes pour chaque fossé, j'ai

$$13 : 18 :: \frac{24 \text{ par } 9 \text{ par } 8 \text{ par } 327}{71 \text{ par } 11 \text{ par } 65} : x,$$

et par conséquent le nombre de jours cherché se change en

$$\frac{24 \text{ par } 9 \text{ par } 8 \text{ par } 327 \text{ par } 18}{71 \text{ par } 11 \text{ par } 65 \text{ par } 13}.$$

Enfin les profondeurs étant différentes, on a

$$5 : 7 :: \frac{24 \text{ par } 9 \text{ par } 8 \text{ par } 327 \text{ par } 18}{71 \text{ par } 11 \text{ par } 65 \text{ par } 13} : x,$$

et le nombre de jours résultant du concours de toutes les circonstances, est

$$\frac{24 \text{ par } 9 \text{ par } 8 \text{ par } 327 \text{ par } 18 \text{ par } 7}{71 \text{ par } 11 \text{ par } 65 \text{ par } 13 \text{ par } 5}.$$

En effectuant les multiplications et les divisions, on arrivera au résultat cherché, 21 jours $\frac{1902831}{3299725}$.

123. Ce nombre est égal à 24 multiplié par la quantité fractionnaire

$$\frac{9 \text{ par } 8 \text{ par } 327 \text{ par } 18 \text{ par } 7}{71 \text{ par } 11 \text{ par } 65 \text{ par } 13 \text{ par } 5};$$

mais cette dernière quantité, qui exprime le rapport du nombre de jours donné au nombre de jours cherché, est elle-même le produit des fractions suivantes :

$$\frac{9}{71}, \quad \frac{8}{11}, \quad \frac{327}{65}, \quad \frac{18}{13}, \quad \frac{7}{5};$$

or, en remontant aux dénominations des nombres donnés dans l'énoncé de la question, on voit que $\frac{9}{71}$ est l'inverse du rapport des nombres d'hommes, qui, pris dans l'ordre de l'énonciation, serait 9 à 71, puisqu'il y a 9 hommes dans le premier cas et 71 dans le second; $\frac{8}{11}$ est pareillement l'inverse du rapport du nombre d'heures que chaque bande d'ouvriers doit travailler;

$$\frac{327}{65}, \quad \frac{18}{13} \quad \text{et} \quad \frac{7}{5},$$

sont les rapports-directs des longueurs, des largeurs et des profondeurs des deux fossés. Il suit de là que le rapport du nombre de jours donné au nombre de jours cherché, est égal au produit de tous les rapports directs et de tous les rapports inverses qui résultent de la comparaison des termes relatifs à chacune des circonstances de la question.

On résoudra la question très-simplement, en évaluant d'abord chacun de ces rapports ; car en multipliant entr'elles les fractions qui les expriment, on formera celle qui représente le rapport de la quantité cherchée à la quantité donnée de même espèce.

Cette dernière fraction, qui sera le produit de tous les rapports qui entrent dans la question, aura pour numérateur le produit de tous leurs antécédens, et pour dénominateur celui de tous leurs conséquens. Un rapport qui résulte ainsi de la multiplication de plusieurs autres, s'appelle *rapport composé*.

En mettant l'expression fractionnaire

$$\frac{9 \text{ par } 8 \text{ par } 327 \text{ par } 18 \text{ par } 7}{71 \text{ par } 11 \text{ par } 65 \text{ par } 13 \text{ par } 5}$$

sous la forme d'un rapport, on en tirera, avec le nombre 24, des jours donnés, la proportion suivante :

$$71 \text{ par } 11 \text{ par } 65 \text{ par } 13 \text{ par } 5$$
$$: 9 \text{ par } 8 \text{ par } 327 \text{ par } 18 \text{ par } 7 :: 24 : x,$$

qu'il est aisé d'imiter dans tous les cas semblables.

Règle de Société.

124. Cette règle a pour objet de partager un nombre en parties qui aient entr'elles des rapports donnés ; on verra dans l'exemple suivant, son origine et d'où elle a tiré son nom.

Trois marchands se sont associés pour un commerce : le premier a mis 25000 fr., le second 18000,

3

et le troisième 42000; ils se séparent, et veulent partager entr'eux le bénéfice commun, qui se monte à 57225 fr.; on demande combien chacun doit avoir pour sa part?

Pour résoudre cette question, il faut considérer que le gain de chacun d'eux doit être composé avec le gain total, comme sa mise l'est avec la somme des mises ou le fonds total; car celui qui aurait fourni à lui seul la moitié ou le tiers de ce fonds, par exemple, aurait évidemment droit à la moitié ou au tiers du gain. Dans l'exemple proposé, la somme des mises formant 85000 fr., les mises particulières en seront respectivement les

$$\frac{25000}{85000}, \quad \frac{18000}{85000}, \quad \frac{42000}{85000};$$

et en multipliant par ces fractions le gain total 57225 fr., on obtiendra le gain relatif à chaque mise. Il est d'ailleurs évident que la somme des parts égalera le gain total, puisque la somme des fractions ci-dessus ayant son numérateur égal à son dénominateur, est nécessairement l'unité.

Les opérations indiquées plus haut donnent les proportions

85000 : 25000 :: 57225 : au gain du premier march.
85000 : 18000 :: 57225 : au gain du second,
85000 : 42000 :: 57225 : au gain du troisième,

qui peuvent s'énoncer ainsi :

la mise totale : une mise particulière :: le gain total : au gain particulier.

En simplifiant le premier rapport de chacune de ces trois proportions, on a

$85 : 25 :: 57225 :$ au gain du 1er ou 16830 fr. $\frac{75}{85}$.

$85 : 18 :: 57225 :$ au gain du 2e ou 12118 fr. $\frac{20}{85}$.

$85 : 42 :: 57225 :$ au gain du 3e ou 28275 fr. $\frac{75}{85}$.

Si toutes les mises étajent égales, l'opération se réduirait à diviser le gain total par le nombre des mises ; on ramène la question à ce point dans l'exemple proposé, en concevant la mise totale 85000 fr., partagée en 85 mises partielles, ou *actions*, de 1000 fr. : le gain de chacune de ces mises, doit être évidemment la 85e partie du gain total ; et il ne reste plus qu'à multiplier successivement cette partie par 25, 18 et 42, en considérant les mises 25000 fr., 18000 fr., 42000 fr., comme les réunions de 25 actions, de 18 actions et de 42 actions.

Il est bon de savoir qu'en terme de commerce, la mise totale se nomme *capital*, et le gain à partager *dividende*.

La question suivante a beaucoup d'analogie avec celle qui vient d'être résolue.

125. On demande de partager une succession de 67250 fr. entre trois héritiers, de manière que la part du second soit les $\frac{2}{5}$ de celle du premier, et que la part du troisième soit les $\frac{7}{8}$ de celle du second.

Il est évident que la part du troisième, comparée à celle du premier, en sera les $\frac{7}{8}$ des $\frac{2}{5}$, ou les $\frac{14}{40}$, ou les $\frac{7}{20}$; ces trois parts cherchées seront donc entr'elles dans les mêmes rapports que les trois nombres 1, $\frac{2}{5}$ et $\frac{7}{20}$. En réduisant ceux-ci au même dénominateur, on trouvera $\frac{20}{20}$, $\frac{8}{20}$, $\frac{7}{20}$, et on aura les trois nombres 20, 8, 7, qui seront proportionnels aux premiers; mais leur somme étant 35, on voit que si on prend trois parts qui soient exprimées par les fractions $\frac{20}{35}$, $\frac{8}{35}$, $\frac{7}{35}$, elles seront entr'elles dans les rapports demandés : la question sera donc résolue en prenant les $\frac{20}{35}$, puis les $\frac{8}{35}$, puis les $\frac{7}{35}$

de 67250 fr., ce qui donnera les sommes dues aux héritiers, suivant la distribution prescrite, savoir :

58428 fr. $\frac{20}{35}$, 15371 fr. $\frac{15}{35}$, et 13450 fr.

126. Enfin soient deux fontaines, dont la première coulant seule pendant 2 heures et $\frac{1}{2}$, remplit un certain bassin, et dont la seconde remplit ce même bassin, en coulant seule pendant 3 heures $\frac{3}{4}$; on demande combien il faudra de temps pour qu'il soit rempli par les deux fontaines coulant à-la-fois ?

Je cherche quelle partie du bassin la première fontaine remplit dans un temps donné, dans une heure, par exemple, et je vois qu'en prenant la capacité de ce bassin pour unité, je n'ai qu'à diviser 1 par 2 $\frac{1}{2}$ ou $\frac{5}{2}$, ce qui donne $\frac{2}{5}$ pour la partie cherchée. En divisant de même 1 par 3 $\frac{3}{4}$ ou $\frac{15}{4}$, j'obtiens $\frac{4}{15}$ pour la portion du bassin que la seconde fontaine fournit pendant une heure ; les deux fontaines coulant ensemble donneront par conséquent les $\frac{2}{5}$ plus les $\frac{4}{15}$, ou les $\frac{10}{15}$ du bassin, pendant 1 heure : divisant donc 1, ou la capacité du bassin, par $\frac{10}{15}$, on aura le nombre d'heures qu'il mettra à se remplir de cette manière ; et on trouvera ainsi $\frac{15}{10}$ ou une heure et demie.

Les auteurs qui ont écrit sur l'Arithmétique, ont multiplié et varié ces questions de beaucoup de manières, et ont érigé en règles les procédés qui servent à les résoudre ; mais tous ces préceptes sont au moins inutiles, parce qu'une question de ce genre est toujours facilement résolue par celui qui sait développer les conséquences de l'énoncé, surtout lorsqu'il peut s'aider du secours de l'Algèbre ; c'est pourquoi je ne m'y arrêterai pas davantage.

127. A l'instar des proportions qui sont composées

de quatre nombres, dont les deux premiers se contiennent autant que les deux derniers, on a considéré l'assemblage de quatre nombres tels que 2, 7, 9, 14, dont le deuxième surpasse le premier autant que le quatrième surpasse le troisième : ces nombres, qu'on peut appeler *équidifférens*, jouissent d'une propriété remarquable, analogue à celle de la proportion ; car la somme des termes extrêmes 2 et 14 est égale à celle des moyens 7 et 9 (*).

Pour prouver cette propriété en général, il faut observer que le second terme est égal au premier, plus la différence, et que le quatrième est égal au troisième plus la différence ; d'où il suit que la somme des extrêmes, composée du premier et du quatrième terme, sera égale au premier plus le troisième plus la différence. De même la somme des moyens, composée du deuxième et du troisième terme, sera égale au premier plus la différence plus le troisième. Ces deux sommes étant composées des mêmes parties, sont par conséquent égales.

J'ai supposé que le deuxième et le quatrième terme

(*) Les Anciens avaient très-bien séparé la théorie des proportions des opérations de l'Arithmétique. Euclide donne cette théorie dans le cinquième livre de ses *Elémens* ; et comme il applique les proportions aux lignes, c'est apparemment de là qu'elles ont pris dans la suite le nom de *proportions géométriques*, et qu'on a donné le nom de *proportion arithmétique* à l'assemblage des nombres équidifférens, dont on ne s'est occupé que beaucoup plus tard. Ces dénominations sont très-vicieuses ; le mot de *proportion*, dans notre langue, a un sens déterminé qui ne convient nullement aux nombres équidifférens. D'ailleurs, la proportion qu'on appelle *géométrique* n'est pas moins *arithmétique* que celle qui porte exclusivement ce nom. M. Lagrange, dans ses leçons à l'école Normale, a rectifié le langage à cet égard, et j'ai suivi son exemple.

L'*équidifférence*, ou l'assemblage de quatre nombres équidifférens, ou enfin la *proportion arithmétique*, s'écrit ainsi : 2.7:9.14.

étaient plus grands que le premier et le troisième ;
le contraire pourrait avoir lieu comme dans les quatre
nombres 8, 5, 15, 12 ; alors le second terme serait égal
au premier moins la différence, et le quatrième serait
égal au troisième moins la différence. En changeant le
mot *plus* en *moins*, dans le raisonnement précédent, on
prouverait encore que, dans le cas actuel, la somme des
extrèmes est égale à celle des moyens.

Je ne pousserai pas plus loin cette théorie des
nombres équidifférens, parce qu'elle ne peut être d'au—
cun usage pour le moment.

Règle d'Alliage.

128. Je n'omettrai point la *règle d'alliage*, dont le but
est de trouver la valeur moyenne de plusieurs choses de
même espèce, mais de prix différens ; les exemples suivans la feront suffisamment connaître.

Un marchand a acheté plusieurs espèces de vins, savoir : 130 bouteilles qui lui reviennent à 10 décimes.

75	à 15
231	à 12
27	à 20

et il les mêle ensuite : on demande à combien lui revient
la bouteille du mélange. Il est aisé de voir qu'il n'y a
qu'à évaluer ce que lui coûte la totalité de ce mélange,
combien elle forme de bouteilles, et à diviser ensuite
le premier de ces résultats par le second, pour avoir le
prix cherché.

Or, les 130 bouteilles à 10 déc. font 1300 décimes.

75	à 15	font 1125
231	à 12	font 2772
27	à 20	font 540

donc.....463 bouteilles coûtent . 5737 décimes.

Divisant 5737 par 463, le quotient 12,39 est le prix de la bouteille du mélange.

129. On se sert encore de la règle précédente pour prendre un milieu entre divers résultats donnés par l'expérience ou l'observation, et qui ne s'accordent point entr'eux. S'il s'agissait, par exemple, de connaître exactement la distance de deux points assez éloignés, et qu'on la mesurât, quelque soin qu'on apportât dans cette opération, il y aurait toujours un peu d'incertitude dans le résultat, à cause des erreurs qu'on commet nécessairement dans la manière de poser les mesures à la suite les unes des autres.

Je suppose donc qu'on ait répété cette opération plusieurs fois de suite pour la vérifier, et que deux fois on ait trouvé $3794^{mè},48$, que trois autres mesurages aient donné $3795^{mè},27$, qu'on ait eu enfin un dernier résultat de $3793^{mè},115$: ces divers nombres n'étant point les mêmes, il est évident qu'il y a erreur dans quelques-uns d'entr'eux, et probablement dans tous ; et pour l'atténuer, voici comme on raisonne : Si l'on avait obtenu chaque fois la vraie mesure, la somme des résultats serait égale à six fois cette mesure, et il est visible que la même chose aurait encore lieu si les résultats obtenus péchaient les uns par défaut, les autres par excès, de manière que l'augmentation produite par l'addition des excès compensât ce qui manque aux résultats moindres que la vraie valeur : on parviendrait donc dans ce dernier cas, à la vraie mesure, en divisant la somme des résultats par leur nombre.

Ce cas est trop particulier pour espérer qu'il se rencontre fréquemment; mais il arrive presque toujours que les erreurs dans un sens détruisent une partie de celles qui sont dans l'autre, et celle qui reste, se trouvant répartie également sur chacun des résultats, est d'autant plus diminuée, que le nombre des résultats est plus grand.

D'après ces considérations, on opérera ainsi qu'il suit :

On prendra 2 fois 3794,48 ou   7588,96
　　　　　　 3 fois 3795,27 ou 11385,81
　　　　　　 1 fois 3793,115 ou   3793,115
____

6 résultats donnant en tout 22767,885

Divisant 22767,885 par 6, on trouvera que la valeur moyenne de la distance demandée est $3794^{mè}$,647.

Au reste, c'est au calcul des probabilités qu'il faut avoir recours pour discuter et apprécier les avantages et les inconvéniens de cette méthode ; et ce sujet a occupé les plus grands géomètres de notre siècle.

De la comparaison des diverses mesures de même genre.

130. L'uniformité des mesures était depuis long-temps l'objet des vœux de tous les savans, lorsqu'on a établi en France le système décimal, que j'ai exposé plus haut (100); mais ce système n'étant pas encore adopté par les nations étrangères, et succédant à un

ancien système par lequel on a exprimé beaucoup de résultats numériques importans , on a souvent besoin de comparer avec les mesures décimales , soit les anciennes mesures françaises , soit les mesures étrangères. Je vais en conséquence indiquer les moyens de faire cette comparaison.

Les données nécessaires sont les rapports des mesures à comparer. Ces rapports s'obtiennent en exprimant l'une des mesures par l'autre.

131. Les mesures linéaires les plus usitées en France , étaient la *toise* et l'*aune*.

La toise se divise en   6 pieds.

Le pied   en 12 pouces.

Le pouce   en 12 lignes.

La ligne   en 12 points.

L'aune (de Paris) contient 3 pieds 7 pouces 10 lignes $\frac{5}{6}$. Je compare d'abord la toise au mètre.

Le mètre , déterminé définitivement , a été trouvé de 3 pieds 0 pouces 11 lignes , 296.

Ce nombre étant réduit en fraction de la toise , donne le rapport du mètre à la toise.

Pour faire cette réduction, il faut d'abord convertir les pieds en lignes, ce qui se fera en observant que puisque le pied vaut 12 pouces, 3 pieds font 36 pouces ; et comme le pouce vaut 12 lignes ; on multipliera 36 par 12, ce qui donnera 432 pour la valeur de 3 pieds convertis en lignes, à quoi il faut ajouter les 11 lignes , 296 de surplus, et il viendra 443 lignes, 296.

D'un autre côté, la toise, composée de 6 pieds, contient 6 fois 12 pouces, ou 72 pouces, et 72 fois 12 lignes, ou 864 lignes. La toise contenant donc 864 lignes, tandis que le mètre en contient seulement 443,296, le rapport du mètre à la toise est celui des nombres 443,296 et 864, ou des nombres 443296 et 864000, mille fois plus grands que les précédens. La toise est donc les $\frac{864000}{443296}$ du mètre, fraction qui se réduit à $\frac{27000}{13853}$, en divisant ses deux termes par 32.

132. Il suit de là et du n° 66, que pour convertir un nombre quelconque de toises en mètres, il faut le multiplier par la fraction $\frac{27000}{13853}$.

On demande, par exemple, combien 43 toises font de mètres; le résultat est $\frac{1161000}{13853}$: extrayant les entiers de cette fraction, il vient $83\frac{11201}{13853}$, et en réduisant en décimales la fraction qui accompagne l'entier; on a 83,80856.

Comme il suffit, pour les usages ordinaires, d'une réduction approchée, il est commode de convertir immédiatement en décimales la fraction $\frac{27000}{13853}$, ce qui donne pour la valeur de la toise $1^{mè},94904$; et multipliant ce nombre par celui des toises proposées, on opérera sur-le-champ leur conversion en mètres.

133. Les pieds, les pouces, les lignes, dont le rapport avec la toise est connu, se convertissent facilement en parties décimales du mètre.

1°. Le pied étant la 6ᵉ partie de la toise, vaudra la 6ᵉ partie de la fraction $\frac{27000}{13853}$, ou les $\frac{4500}{13853}$ du mètre, et en décimales, $0^{mè},32484$, ou $3^{dmè},2484$.

2°. Le pouce étant la 12ᵉ partie du pied, vaudra la 12ᵉ partie de la fraction $\frac{4500}{13853}$, ou les $\frac{375}{13853}$ du mètre, et en décimales, $0^{mè},02707$, ou $2^{cmè},707$.

3°. La ligne étant la 12ᵉ partie du pouce, vaudra la

12ᵉ partie de la fraction $\frac{375}{13853}$, ou les $\frac{125}{55412}$ du mètre, et en décimales, $0^{mè},00226$, ou $2^{mmè},26$.

On obtiendrait de même la valeur du point.

134. Rien de plus aisé maintenant que de réduire en mètres et en parties décimales du mètre, un nombre quelconque de toises, pieds et pouces. Soient, par exemple, 13 toises 5 pieds 3 pouces 8 lignes.

Les 13 toises donnent 25,33752
Les   5 pieds   1,62420
Les   3 pouces   0,08121
Les   8 lignes   0,01808
—————————————————
Total 27,06101

135. L'aune de Paris, contenant 3 pieds 7 pouces 10 lignes $\frac{5}{6}$, réduite en lignes, revient à la fraction $\frac{3161}{5184}$ de la toise ; et la toise étant les $\frac{27000}{13853}$ du mètre, l'aune sera les $\frac{3161}{5184}$ des $\frac{27000}{13853}$ du mètre, ce qui revient, en décimales, à $1^{mè},18845$.

136. Le poids se mesurait autrefois en *livres, marcs, onces, gros, grains, et fractions de grains.*

La livre est composée de 2 marcs.
Le marc. . . . . de 8 onces.
L'once . . . . de 8 gros.
Le gros . . . . de 72 grains.

L'on a trouvé, par des expériences très-délicates, que le kilogramme pesait 18827 grains. En convertissant ce nombre en fractions de la livre, comme je l'ai fait à l'égard de celui qui exprime le mètre par le pied, on aura le rapport de la livre au kilogramme, et on déduira de là les rapports des subdivisions de la livre avec les parties décimales du gramme.

On trouvera, 1°. que la livre est les $\frac{9216}{18827}$ du kilogramme, ou 0^{kgr},48951 en décimales.

2°. Que l'once, ou la 16ᵉ partie de la livre, vaut les $\frac{576}{18827}$ du kilogramme, ou 0^{kgr},03059 en décimales.

3°. Que le gros, ou la 8ᵉ partie de l'once, vaut les $\frac{72}{18827}$ du kilogramme, ou 0^{kgr},00382 en décimales.

4°. Que le grain, ou la 72ᵉ partie du gros, vaut le $\frac{1}{18827}$ du kilogramme, ou 0^{kgr},00005 en décimales.

Avec ces résultats, rien de plus facile que de convertir en mesures décimales, un poids quelconque exprimé par les anciennes mesures. Soit, pour exemple, 23 livres 4 onces 5 gros 31 grains.

$$
\begin{array}{lr}
 & {}^{kgr.} \\
\text{On a pour 23 livres} & 11,25873 \\
\text{pour } 4 \text{ onces} & 0,12236 \\
\text{pour } 5 \text{ gros} & 0,01910 \\
\text{pour 31 grains} & 0,00165 \\
\hline
 & {}^{kgr.} \\
\text{Total:} \ldots & 11,40184
\end{array}
$$

137. L'unité monétaire de l'ancien système était la livre tournois. La valeur du franc, donnée par la pièce de 5 fr., ayant été comparée à celle de la livre tournois, donnée par l'écu de 6 liv., il en est résulté que la valeur du franc est à celle de la livre tournois comme 81 est à 80. Pour convertir donc une somme de livres tournois en francs, il faudra en prendre les $\frac{80}{81}$, ou la multiplier par 0,98765.

Réciproquement,

Réciproquement, pour évaluer une somme de francs en livres tournois, il en faut prendre les $\frac{81}{80}$, ou la multiplier par 1,0125.

Si la somme à réduire était 100 francs, il viendrait 101,25, ou 101 liv. $\frac{1}{4}$.

La livre tournois se divise en 20 sous, chaque sou en 12 deniers. Dans l'usage ordinaire, on confond la *livre seule* avec le franc. Dans cette hypothèse, qui n'est qu'approchée, chaque sou vaut $\frac{1}{2}$ décime ou 0,05 ; et un denier étant la 12ᵉ partie du sou, vaut un $\frac{1}{12}$ de 0,05, ou 0,0041666 etc.

Pour faciliter les conversions des anciennes mesures en nouvelles, on a réuni dans des tables placées à la fin de ce Traité, les résultats obtenus dans le n° 133, ainsi que dans le précédent, avec tous ceux qu'on trouverait en comparant de la même manière les mesures correspondantes de l'ancien système métrique et du système décimal. On y a joint aussi les rapports des principales mesures et monnaies étrangères avec celles du même système.

138. De même que ; par le rapport de l'aune à la toise, j'ai comparé cette première mesure avec le mètre, de même aussi j'aurais pu comparer avec le mètre toutes les mesures étrangères, dont le rapport avec nos anciennes est connu. L'exemple suivant , quoique fictif, suffira pour mettre en état d'appliquer la méthode à tous les cas qui peuvent se présenter et donnera une idée de la *règle conjointe*, qu'on pratique souvent dans les opérations du *change* des monnaies.

Supposé que 3 *livres* de France valent 32 *deniers sterling* d'Angleterre, que 240 deniers sterling valent 408 *deniers de gros* de Hollande , que 50 deniers de gros valent 190 *maravedis* d'Espagne ; on demande combien 90 livres de France font de maravedis ?

Treizième édition.   H

1°. Puisque 3 livres de France font 32 deniers sterling, la livre est les $\frac{32}{3}$ du denier sterling.

2°. Puisque 240 deniers sterling valent 408 deniers de gros, le denier sterling est les $\frac{408}{240}$ du denier de gros.

3°. Puisque 50 deniers de gros valent 190 maravedis, le denier de gros est les $\frac{190}{50}$ du maravedis.

On convertira donc la livre de France en maravedis, en prenant les $\frac{32}{3}$ des $\frac{408}{240}$ des $\frac{190}{50}$, ce qui donnera

$$\frac{32 \text{ par } 408 \text{ par } 190}{3 \text{ par } 240 \text{ par } 50}$$

pour le rapport de la livre au maravedis ; et multipliant ce rapport par 90, on aura la valeur de 90 livres de France, exprimée en maravedis, c'est-à-dire,

$$\frac{90 \text{ par } 32 \text{ par } 408 \text{ par } 190}{3 \text{ par } 240 \text{ par } 50}.$$

Ce nombre fractionnaire est susceptible d'une expression beaucoup plus simple, car le numérateur et le dénominateur ont des facteurs communs. Dans le premier, 90 et 190 sont divisibles par 10; il en est de même de 240 et de 50 dans le second, et la division étant opérée, il viendra

$$\frac{9 \text{ par } 32 \text{ par } 408 \text{ par } 19}{3 \text{ par } 24 \text{ par } 5}.$$

Mais 32 au numérateur étant divisible par 8, ainsi que 24 au dénominateur, on aura

$$\frac{9 \text{ par } 4 \text{ par } 408 \text{ par } 19}{3 \text{ par } 3 \text{ par } 5};$$

et comme 3 par 3 font 9, on pourra supprimer ce facteur dans le numérateur et le dénominateur à-la-fois, il en résultera $\dfrac{4 \text{ par } 408 \text{ par } 19}{5}$, ou $6201 \frac{3}{5}$ maravedis pour 90 livres de France.

Du calcul des nombres complexes.

139. Les nombres qui contiennent à-la-fois des *toises*, *pieds*, *pouces*, *lignes*, *points*; des *livres* (de poids), *onces*, *gros et grains*; des *livres*, *sous et deniers*, se trouvant rapportés à des unités différentes, et leur expression étant composée de plusieurs parties, ils ont été nommés *nombres complexes* : ceux qui n'en renferment qu'une seule, sont appelés *incomplexes* (*). On effectue immédiatement sur les nombres complexes, les quatre opérations fondamentales de l'Arithmétique, par des procédés que je vais rapporter ici, pour mettre en état de suivre les anciens calculs, quoiqu'il soit à désirer qu'on renonce tout-à-fait à des opérations que les décimales remplacent si heureusement.

Ce que je dirai sur les nombres complexes usités en France, s'appliquerait sans peine à tous ceux qui peuvent résulter des mesures étrangères et de leurs subdivisions.

De l'addition des nombres complexes.

140. L'addition des nombres complexes repose sur les mêmes principes que celle des nombres incomplexes ; il s'agit toujours de réunir entre elles les parties

---

(*) Les nombres accompagnés de fractions décimales ne doivent pas recevoir cette dénomination, puisqu'on peut à vue les convertir en une seule espèce d'unités. $34^{mè},95$, par exemple, reviennent à 3495 centimètres.

de même valeur ; et lorsqu'on en trouve assez pour former une ou plusieurs parties d'un ordre supérieur, on retient ces dernières pour les comprendre dans la somme de
celles qui sont écrites dans les nombres proposés ;
comme dans l'addition simple on reporte les dixaines
d'une colonne sur la suivante à gauche. On doit donc
disposer les nombres complexes qu'on veut ajouter
ensemble, de manière que leurs unités, ou parties de
même valeur, soient dans une même colonne, et faire
séparément la somme de chacune de ces colonnes, en se
rappelant combien il faut d'unités ou de parties de chaque
ordre, pour composer celles de l'ordre immédiatement
plus considérable.

En voici un exemple, sur des livres, sous et deniers :

$$
\begin{array}{rrr}
984^{liv.} & 12^{s} & 8^{d} \\
38 & 6 & 9 \\
1413 & 14 & 10 \\
319 & 18 & 2 \\
\hline
2756 & 12 & 5
\end{array}
$$

En ajoutant d'abord les deniers entr'eux, parce que
ce sont les parties de moindre valeur, et en embras-
sant à-la-fois les unités et les dixaines de ces nombres,
on trouve 29 deniers ; mais comme 12 font 1 sou,
cette somme revient à 2 sous 5 deniers : on n'écrit donc
que les 5 deniers, et on retient les sous pour les porter
à leur colonne.

Ici on ajoute séparément les unités et les dixaines.
Les premières donnent 22, en y joignant les 2 sous re-
tenus sur les deniers ; on n'écrit que les deux unités et
on retient les deux dixaines pour la colonne suivante,
dont la somme s'élève par ce moyen à 5 dixaines ; mais

comme la livre, composée de 20 sous, contient 2 dixaines, on obtient le nombre de livres résultant des sous, en divisant celui des dixaines de sous par 2. On a 2 pour quotient, et 1 de reste, qu'on écrit sous la colonne où l'on opère, tandis qu'on retient les livres pour la suivante à gauche. A partir de cette dernière, l'opération s'effectue comme celle des nombres incomplexes, et on trouve 2756^{liv}· 12^s 5^d.

141. Je ne réduirai point en règle ce procédé, qu'il est si aisé d'adapter à telles subdivisions de l'unité qu'on voudra; et pour donner l'occasion de le faire, je mettrai ci-dessous un exemple en toises, pieds, pouces et lignes, qu'on vérifiera soi-même, en se rappelant que 12 points font 1 ligne, 12 lignes 1 pouce, 12 pouces 1 pied, 6 pieds 1 toise.

	toises	pieds	pouces	lignes	points
	34	5	6	7	8
	16	3	2	5	6
	127	4	10	11	9
Somme....	179	1	8	0	11.

De la Soustraction des Nombres complexes.

142. Cette soustraction s'opère de même que pour les nombres incomplexes, en changeant seulement ce qui se rapporte à la subordination des unités, lorsqu'on est obligé d'emprunter, sur les parties de plus grande valeur, de quoi rendre possibles les soustractions partielles où le nombre inférieur surpasse le supérieur.

3

Soit, pour exemple,

$$795^{liv.} \quad 3^s \quad 0^d$$
$$684 \quad 17 \quad 4$$

Différence.... 110   5   8

Dans cette soustraction, il faut d'abord emprunter 1 sur la colonne des sous, ou 12 deniers, pour en ôter les deniers du nombre inférieur ; et on a pour reste 8 deniers. Pour la colonne des sous, où il n'en reste plus que 2 dans le nombre supérieur, il faut faire sur celle des livres, l'emprunt de 1 livre, ou 20 sous, pour obtenir 22 sous, dont en retranchant 17, il reste 5 ; alors on passera à la colonne des livres, où l'on comptera le chiffre supérieur pour une unité de moins, et on achèvera l'opération suivant le procédé relatif aux nombres incomplexes.

L'exemple ci-dessous, pris dans les mesures de poids, achèvera d'éclaircir ce procédé.

$$19^{livres} \quad 0^{marcs} \quad 4^{onces} \quad 5^{gros} \quad 37^{grains}$$
$$4 \quad 1 \quad 3 \quad 6 \quad 49$$

Différence..14   1   0   6   60

Pour faire les soustractions dans la colonne des grains, il faut emprunter 1 dans celle des gros, et se souvenir que cette unité vaut 72 grains, les joindre par la pensée aux 37 qui sont écrits dans le nombre supérieur, ce qui fait 109 grains, d'où retranchant 49, il reste 60. On continue la soustraction dans les autres colonnes, en comptant 1 once pour 8 gros, 1 marc pour 8 onces, 1 livre pour 2 marcs.

Je ferai remarquer à cette occasion combien la bi-garrure qui se trouve dans les subdivisions des diverses unités , doit apporter d'embarras dans les opérations sur les nombres complexes, et en particulier combien était peu commode la division du gros en 72 grains , qui conduisait toujours à des opérations partielles assez compliquées.

Je donnerai encore un exemple en toises et subdivisions de la toise , tant pour exercer le lecteur sur cette espèce de mesure , que pour montrer comment on s'y prend lorsqu'il manque dans le nombre le plus grand quelques-unes des parties contenues dans l'autre.

	16^{toises}	0^{pieds}	0^{pouces}	0^{lignes}	0^{points}
	4	3	6	8	5
Différence	11	2	5	3	7

Pour faire la soustraction dans la colonne des points, on ne peut emprunter que sur celle des toises , et on le fait en décomposant

1 toise en 5 pieds plus 11 pouces plus 11 lignes plus 12 points.

On conçoit ces nombres de pieds , de pouces, de lignes et de points, respectivement placés dans leurs colonnes, pour en retrancher successivement chacun des nombres inférieurs correspondans , ce qui donne les restes écrits au-dessous. On passe ensuite à la colonne des toises, en comptant pour 1 de moins le chiffre des unités.

De la preuve de l'Addition et de la Sous-traction des Nombres complexes.

143. La preuve de l'addition se fait encore par les mêmes principes que pour les nombres incomplexes; il faut seulement, en passant aux subdivisions de l'unité, substituer au rapport décimal, la valeur de chaque partie à l'égard de celle qui la suit à droite. Soit, par exemple,

$$
\begin{array}{rrr}
984^{liv.} & 12^{s} & 8^{d} \\
38 & 6 & 9 \\
1413 & 14 & 10 \\
319 & 18 & 2 \\
\hline
2756 & 12 & 5 \\
\hline
xxxx & xx & \phi
\end{array}
$$

On opère sur les livres, suivant la règle du n° 19, puis on convertit les 2 livres en dixaines de sous, ce qui donne 4 de ces dixaines qui, jointes à celle qu'on trouve écrite dans la colonne, forment le nombre 5, dont on retranche les 3 unités de cette colonne ; on place au-dessous le reste 2, que l'on compte pour des dixaines par rapport aux 2 unités de la colonne suivante. Il reste encore 2 sous qu'il faut convertir en deniers ; on ajoute les 24 deniers qui en résultent, avec les 5 qui sont écrits, et on a un total de 29, qu'il faut retrouver par l'addition des deniers de toûs les nombres, puisque ce sont les parties de moindre valeur. C'est ce qui arrive en effet, et ce qui prouve que l'opération est exacte.

Je ne m'arrêterai point à exposer la preuve de la

soustraction, puisqu'elle se fait par le moyen d'une addition (20), et qu'on a vu précédemment comment s'effectue celle des nombres complexes.

De la Multiplication des Nombres complexes.

144. La multiplication des nombres complexes ne présente aucune difficulté, lorsqu'on possède bien la théorie des fractions; car d'abord on peut changer le multiplicande et le multiplicateur en nombres fractionnaires, au moyen des rapports de chaque subdivision de l'unité avec celle qui la précède, comme on l'a fait dans les n°s 131 et 136, pour les valeurs du mètre par rapport à la toise, et du kilogramme par rapport à la livre de poids.

Si l'on avait, par exemple, 15 liv. 12 sous 4 den. on réduirait d'abord les livres en sous, en les multipliant par 20, et on aurait 300 à joindre aux 12 qui sont écrits, ce qui changerait le nombre proposé en 312 sous 4 d.; on multiplierait encore les sous par 12 pour les convertir en deniers : on obtiendrait 3744, et en y ajoutant les 4 den. écrits, il en résulterait 3748 den. Cela fait, on observerait que la livre contenant 20 sous, le sou 12 deniers, la livre contient 20 fois 12 ou 240 deniers; qu'ainsi 1 denier est $\frac{1}{240}$ de la livre, d'où il résulte que 3748 den. font $\frac{3748}{240}$ de la livre.

S'il fallait multiplier ce nombre par 7 toises 4 pieds, on changerait de même 7 toises 4 pieds en 46 pieds ou $\frac{46}{6}$ de toise; on ferait, d'après la règle du n° 70, le produit des fractions $\frac{3748}{240}$ et $\frac{46}{6}$, ce qui donnerait $\frac{172408}{1440}$; et en observant que l'unité du produit doit être de même espèce que celle du multiplicande (102), on évaluerait, comme il suit, cette fraction par la livre tournois et ses subdivisions.

$$
\begin{array}{r|l}
172408 & 1440 \\
\;\;2840 & \overline{119^{liv}\;14^{s}\;6^{d}\frac{2}{3}} \\
14008 & \\
\;1048 & \\
\;\;\;20 & \\
\hline
20960^{s} & \\
\;6560 & \\
\;\;800 & \\
\;\;\;12 & \\
\hline
\;9600 & \\
\;\;960 &
\end{array}
$$

La partie entière du quotient de la division du numérateur par le dénominateur, donnerait d'abord les livres tournois, puis on multiplierait le reste 1048 par 20 pour le convertir en sous; on diviserait le produit 20960 par le diviseur 1440, et le quotient 14 serait le nombre de sous qui doit accompagner celui des livres déjà trouvé. Le second reste 800 serait ensuite converti en deniers, en le multipliant par 12; enfin on diviserait le produit 9600 par le diviseur 1440, et on aurait 6 deniers à joindre aux deux premières parties du quotient avec la fraction $\frac{60}{1440}$ qui revient à $\frac{2}{3}$.

Cette dernière opération, qui peut s'appliquer à quelqu'espèce de mesure que ce soit, repose sur ce que tout nombre fractionnaire peut être considéré comme l'indication d'une division qu'on rend possible, en convertissant le numérateur en parties de plus en plus petites, comme on l'a fait à l'égard des décimales dans le n° 95.

145. Les procédés que l'on suit ordinairement dans la multiplication des nombres complexes, probablement imaginés par des hommes qui ne s'en occupaient

que pour arriver au résultat, paraissent au premier
coup d'œil moins simples, moins généraux que celui
du numéro précédent, mais ils sont peut-être plus com-
modes dans la pratique; ils offrent d'ailleurs ce caractère ingénieux qu'on trouve dans toutes les inventions
suggérées par le besoin, auxquelles on parvient comme
par instinct, sans concevoir bien nettement l'étendue et
l'ordre du sujet, que développent ensuite ceux qui
se sont voués uniquement à la méditation.

Je suivrai la marche que les premiers arithméticiens
ont tenue, en commençant par des exemples. Soit

la multiplication de $\quad$ 25$^{liv.}$ 12^s

$\qquad$ par $\quad$ 16

$\qquad\qquad$ 150

$\qquad\qquad$ 25

produit pour 10 sous $\quad$ 8

$\quad$ pour 2 sous $\quad$ 1 $\quad$ 12

Produit total... $\quad$ 409 $\quad$ 12.

Ici le multiplicande seul est complexe; il s'agit de
le répéter 16 fois, ce qu'on effectue à l'ordinaire sur
la partie entière; puis on observe que si l'on ajoutait
1 au multiplicande 25, le produit serait augmenté précisément du multiplicateur 16, et qu'il le serait de la
moitié seulement, si l'on n'avait joint au multiplicande
que la moitié de 1 liv. D'après cela, s'il y avait 10 sous
à la suite des livres du multiplicande, il faudrait écrire
au produit 8 unités, moitié du multiplicateur; mais
au lieu de 10 sous il y en a 12; il reste donc encore 2
sous dont il faut tenir compte : or ces deux sous
étant la 5e partie des 10, ne doivent augmenter le pro-

duit que de la 5ᵉ partie de ce qu'ont donné les 10 sous; on prendra par conséquent la 5ᵉ partie des 8 livres trouvées précédemment, pour l'écrire sous le produit, ce qui donnera 1 liv. 12 sous. La somme de tous ces produits partiels sera le produit total demandé, savoir: 409 livres 12 sous.

146. En décomposant de même, en parties qui soient contenues exactement dans l'unité du multiplicande, ou, les unes dans les autres, les subdivisions qui accompagnent les unités de la plus grande valeur, ou les *unités principales* du multiplicande, on n'a plus qu'à prendre des parties semblables sur le multiplicateur ou sur les produits déjà formés. Ces parties se nomment *aliquotes ;* on en sentira bien l'usage par l'exemple que je vais donner.

$$34^{liv.} \quad 19^{s} \quad 3^{d}\tfrac{1}{3}$$
$$18 \qquad\qquad$$

$$\overline{\qquad\qquad\qquad}$$

$$272$$
$$34$$

Pour 10 sous	9		
pour 5 sous	4	10	
pour 4 sous	3	12	
pour 1 sou	ø	18	
pour 3 deniers....		4	6
pour 1 denier		1	6
pour $\tfrac{1}{3}$ de denier...		o	6

$$\overline{\qquad\qquad\qquad}$$

Total..... $629^{liv.} \quad 7^{s} \quad o^{d}.$

Après avoir formé les produits des unités principales

du multiplicande par chaque chiffre du multiplicateur, on opère comme il suit, à l'égard des subdivisions du multiplicande :

On décompose 19 sous en 10 sous, plus 5 sous, plus 4 sous.

Pour les 10 sous, on prend la moitié du multiplicateur,

Pour   5 sous, la moitié du produit précédent,

Pour   4 sous, le 5ᵐᵉ du multiplicateur.

Comme il faut passer de là à 3 deniers, qui ne sont que le quart d'un sou, et par conséquent le 16ᵐᵉ de 4 sous, il pourrait être un peu difficile de prendre à vue la 16ᵉ partie du produit de 4 sous. Pour éviter cet embarras, on en prend d'abord le quart, ce qui forme le produit que donnerait 1 sou, et puis on prend le quart de ce dernier : on a le produit relatif à 3 deniers ; mais on a l'attention de barrer les chiffres du produit précédent, qui, n'ayant servi qu'à former celui-ci, ne doit pas faire partie du produit total (*). On obtient de même le produit relatif à $\frac{1}{3}$ de denier, en formant d'abord celui de 1 denier par le moyen de celui de 3, et on barre le produit de 1 denier. On réunit ensuite tous les autres produits partiels, et la somme est le produit demandé.

Voici encore un exemple, sur la toise et ses subdivisions :

(*) Les Arithméticiens donnent aux produits qu'ils ne cherchent que pour en trouver d'autres, la dénomination de *faux produits* qui est assurément bien mauvaise.

	6^{toises}	3^{pieds}	5^{pouces}	2^{lignes}
	5			
	30			
Pour 3 pieds	2	3		
Pour 1	ø	8		
Pour 3 pouces...........	1	3		
Pour 1	0	5		
Pour 1	0	5		
Pour 2 lignes	0	0	10	
Total........	32	5	1	10

On a formé le produit relatif à 1 pied pour faciliter
le passage aux pouces, et on a écrit deux fois le produit de 1 pouce, au lieu de former tout d'un coup le
produit de 2 pouces, en prenant le 6ème de celui de
1 pied, parce qu'on avait besoin du produit de 1 pouce
pour obtenir commodément celui de 2 lignes.

147. Lorsque le multiplicateur seul est complexe, on
décompose de même que précédemment, en parties
aliquotes de l'unité principale, les subdivisions qu'il
contient, et on effectue sur le multiplicande les opérations qu'elles indiquent. C'est dans ce cas qu'il est
important de distinguer par l'état de la question, lequel
des deux nombres proposés doit être pris pour multiplicande, car en déterminant la nature des unités du
produit cherché, il fixe les rapports des subdivisions
auxquelles il faut descendre, en prenant les produits relatifs aux parties aliquotes, et sur lesquels on pourrait
se tromper beaucoup, puisque les subdivisions du multiplicande et du multiplicateur suivent des lois différentes, lorsque ces deux nombres ne sont pas de même
espèce. Soit, pour exemple,

$$793^{\text{lt}}$$

	9^{marcs}	3^{onces}	5^{gros}	$7^{\text{grains}}\frac{1}{2}$
	7137^{lt}	s	d	
Pour 2 onces . . .	198	5		
Pour 1	99	2	6	
Pour 4 gros	49	11	3	
Pour 1	12	7	9	$\frac{3}{4}$
Pour 12 grains . .	x	x	x	$\frac{5}{8}$
Pour 6	1	0	7	$\frac{13}{16}$
Pour 1	0	3	5	$\frac{29}{96}$
Pour $\frac{1}{2}$	0	1	8	$\frac{125}{192}$
	7497	12	4	$\frac{99}{192}$.

Dans cet exemple on a pris

> pour 2 onces, $\frac{1}{4}$ du multiplicande,
> pour 1   , $\frac{1}{2}$ du produit précédent,
> pour 4 gros, $\frac{1}{2}$ du produit de 1 once,
> pour 1   , $\frac{1}{4}$ du produit précédent.

Mais comme le gros contient 72 grains, on a d'abord pris le $6^{\text{ème}}$ du produit relatif à un gros, afin d'avoir le produit relatif à 12 grains, et l'on a pris ensuite

> pour 6 grains, $\frac{1}{2}$ du produit de 12,
> pour 1   , $\frac{1}{6}$ du produit précédent,
> pour $\frac{1}{2}$, $\frac{1}{2}$ du produit précédent.

Ces divers produits sont accompagnés de fractions qu'il faut ajouter ensemble, ce qui s'opère facilement par le procédé du n° 77, parce que le plus grand des dénominateurs contenant tous les autres, on peut convertir toutes les fractions dans l'espèce de la dernière ; on trouve, pour leur somme, $\frac{483}{192}$ ou 2 $\frac{99}{192}$: en joignant ces deniers à ceux qui sont écrits, et continuant l'addition des autres colonnes, on a le produit total.

148. Enfin, lorsque le multiplicande et le multiplicateur sont tous deux complexes, après avoir fait les produits des unités principales du multiplicande par celles du multiplicateur, on prend d'abord, seulement sur les unités principales du multiplicateur, les parties aliquotes dans lesquelles se décomposent les subdivisions du multiplicande, puis on décompose les subdivisions du multiplicateur en parties aliquotes de son unité principale, et on effectue sur tout le multiplicande, les opérations qu'elles indiquent.

Pour sentir l'exactitude de ce procédé, il suffit d'observer que le produit cherché doit renfermer trois parties, savoir : le produit des unités principales du multiplicande par celles du multiplicateur, celui des subdivisions du multiplicande par les unités principales du multiplicateur, et enfin le produit de tout le multiplicande par les subdivisions du multiplicateur.

En effet, on peut ramener cette opération à la multiplication de deux facteurs composés d'un entier joint à une fraction ; et si l'on avait, par exemple, 8 $\frac{2}{3}$ à multiplier par 6 $\frac{5}{7}$, le produit se composerait évidemment de 8 et de $\frac{2}{3}$, répétés chacun 6 fois plus $\frac{5}{7}$ de fois (70).

149. L'exemple suivant éclaircira ces principes et en fera connaître l'application.

48^{liv}.

$$84^{liv.}\ 6^{s}\ 3^{d}\ \tfrac{1}{3}$$
$$15^{toi.}\ 4^{p.}\ 6^{p}\ 8^{lig.}$$

420$^{liv.\ sous.\ den.}$

84

pour 5 sous. ...	3	15	
pour 1.........	0	15	
pour 3 deniers .	0	3	9
pour 1.........	0	1	3
pour $\tfrac{1}{3}$.........	0	0	5
pour 3 pieds. ...	42	3	1	$\tfrac{2}{3}$
pour 1.........	14	1	0	$\tfrac{5}{9}$
pour 6 pouces .	7	0	6	$\tfrac{5}{18}$
pour 1.........	3	8	8	$\tfrac{8}{108}$
pour 6 lignes...	0	11	8	$\tfrac{113}{216}$
pour 2.........	0	3	10	$\tfrac{545}{648}$

$$1328\ 14\ 5\ \tfrac{280}{324}$$

On a d'abord pris sur les 15 unités principales du multiplicateur, les parties aliquotes dans lesquelles se décomposent les 6^{sous} 3^{deniers} $\tfrac{1}{3}$ du multiplicande, puis on a pris ensuite sur tout le multiplicande, les parties aliquotes que forment les 4^{pieds} 6^{pouces} 8^{lignes} du multiplicateur : en réunissant les fractions on a obtenu 2 entiers et $\tfrac{560}{648}$, fraction dont la plus simple expression est $\tfrac{280}{324}$; on a joint ces entiers à la somme de la colonne des deniers, et on a achevé l'addition suivant la règle du n° 140.

150. Le plus souvent on néglige les fractions, qui compliquent assez le calcul, lorsqu'on veut en tenir compte, mais aussi le résultat peut se trouver en défaut de quelques unités sur la colonne des subdivisions de moindre valeur. On éviterait cette erreur et l'embarras

Treizième édition.　　　　　　I

que donne l'addition des fractions ordinaires, en convertissant en dixièmes le reste que laissent, dans la formation de chaque produit partiel, les dernières subdivisions du produit précédent; et tant qu'il n'y aura pas dix de ces produits, on sera sûr d'avoir le résultat exact jusqu'aux dernières unités.

Voici un exemple relatif à l'aune.

Il s'agit de trouver ce qu'on doit payer pour 15 aunes $\frac{3}{4}$ et $\frac{1}{16}$ d'une étoffe, le prix de l'aune étant de $42^l\ 17^s\ 11^d$.

$$42^{liv.}\ 17^s\ 11^d$$
$$15 \quad \tfrac{3}{4} \quad \tfrac{1}{16}$$

	210		
	42		
pour 10 sous.....	7	10	
5..........	3	15	
2..........	1	10	
pour 6 deniers...		7	6
3..........		3	9
2..........		2	6

pour $\frac{1}{2}$ aune.....	21	8	11,	5
$\frac{1}{4}$..........	10	14	5,	7
$\frac{1}{16}$..........	2	13	7,	4
Produit total........	678	5	9,	6

Les 17 sous du multiplicande se décomposent en 10 sous plus 5, plus 2 : on prend pour 10 sous la $\frac{1}{2}$ de 15; pour 5, la $\frac{1}{2}$ du produit précédent; pour 2, le 5eme du produit relatif à 10 sous. Les $\frac{3}{4}$ qui sont écrits dans le multiplicateur, se décomposent en $\frac{1}{2}$ et $\frac{1}{4}$: on prend la $\frac{1}{2}$ de tout le multiplicande, puis pour $\frac{1}{4}$, la $\frac{1}{2}$ du produit précédent, puis enfin pour $\frac{1}{16}$, le $\frac{1}{4}$ du produit précédent. Dans le produit total on barre le chiffre des dixièmes de deniers, parce qu'il n'est pas toujours exact, à cause des fractions de dixièmes qu'on a négligées.

151. Tout ce qu'on vient de voir sur la multiplication des nombres complexes, étant réduit en règle, peut s'énoncer ainsi : *Multiplier d'abord les unités principales du multiplicande par celles du multiplicateur ; décomposer les subdivisions du multiplicande en parties aliquotes de son unité principale, ou des parties aliquotes qui les précèdent ; évaluer ces fractions sur les unités principales du multiplicateur seulement ; décomposer ensuite les subdivisions du multiplicateur en parties aliquotes de son unité principale, ou des parties aliquotes qui les précèdent, et évaluer ces fractions sur tout le multiplicande. Lorsque la fraction à évaluer sera trop petite à l'égard de celle à laquelle on la rapporte, on en facilitera le calcul en prenant une partie aliquote intermédiaire, pour former un produit auxiliaire, duquel on déduira la partie aliquote cherchée, et dont on barrera ensuite les chiffres pour ne pas les comprendre dans l'addition des produits partiels qui doivent composer le produit total.* ⋅

De la Division des Nombres complexes.

152. Il est très-important, pour opérer la division des nombres complexes, de faire attention à la nature des unités du quotient, puisque de là dépend la conversion des restes dans les subdivisions de ces unités ; mais l'examen attentif de la question ne laisse jamais de doute à cet égard, surtout lorsqu'en considérant le dividende comme un produit, on détermine quels ont dû être le multiplicande et le multiplicateur, ainsi qu'on l'a fait dans le n° 105.

On rencontrera de cette manière deux cas différens : dans l'un, le dividende et le diviseur étant de nature diverse, le quotient doit être de la même espèce que le dividende ; dans l'autre, le dividende et le diviseur étant de la même espèce, le quotient doit être d'une espèce différente. L'opération relative à ce dernier cas étant plus simple que pour le premier, je vais d'abord m'en occuper.

153. Voici une question qui mène à ce cas : Le prix d'une toise d'ouvrage étant 36 liv. 15 sous 6 deniers, on demande combien on fera du même ouvrage pour 1689 l. 17 sous. Ici le dividende 1689 liv. 17 sous est composé, avec 36 liv. 15 sous 6 deniers, de la même manière que le nombre qui mesure l'ouvrage cherché, est composé avec la toise et ses subdivisions ; ainsi le quotient doit être exprimé par ces dernières mesures.

Pour l'obtenir, on considère que sa valeur ne doit point changer, lorsque l'on convertit le dividende et le diviseur en parties de même valeur, puisque des fractions de même dénominateur donnent pour quotient celui de leurs numérateurs ; mais en réduisant en même temps le dividende et le diviseur en deniers qui sont les parties de moindre valeur qu'ils contiennent, on rendra ces nombres incomplexes.

Le dividende 1689 liv. 17 sous donne 405564 deniers, et le diviseur 36 liv. 15 sous 6 deniers en produit 8826 ; alors on regarde le dividende comme s'il était des toises, et le diviseur comme un nombre abstrait, puisque si la toise ne coûtait qu'un denier, on en aurait 405564, et que coûtant 8826 deniers, il n'en doit être fait que la 8826ème partie du premier nombre : on établit donc ainsi l'opération :

405564	8826
52524	45 toises 5 pieds 8 pouces 5 lignes $\frac{6270}{8826}$
8394	
6	
50364	
6234	
12	
12468	
6234	
74808	
4200	
12	
8400	
4200	
50400	
6270	

Après avoir obtenu les unités principales du quotient, on multiplie par 6 le reste 8394 toises pour le convertir en pieds, ce qui donne 50364 ; on continue la division, et on place le quotient au rang des pieds ; on multiplie par 12 le reste 6234 de cette dernière opération pour le convertir en pouces; on divise le produit 74808 par le diviseur, et on obtient le nombre de pouces à écrire au quotient ; on multiplie encore le reste 4200 par 12, pour le convertir en lignes ; la division du produit 50400 par le diviseur, donne le nombre de lignes à écrire au quotient ; et en s'arrêtant là, on termine ce quotient par la fraction $\frac{6270}{8826}$ qu'on réduit à sa plus simple expression. Le résultat final de l'opération est 45 toises 5 pieds 8 pouces 5 lignes $\frac{1045}{1471}$.

La forme de ce procédé demeurerait la même quand

les nombres proposés et leur quotient se rapporteraient à des unités de toute autre espèce.

154. Lorsque le quotient doit-être de même espèce que le dividende, et que le diviseur est incomplexe, l'opération s'effectue comme celle du n° 144.

Par exemple, 27 onces d'un métal ont coûté 169 liv. 11 sous 4 deniers, on demande à combien revient l'once; voici l'opération :

$$
\begin{array}{lll|l}
169^{liv.} & 11^{s} & 4^{d} & 27 \\
\cline{4-4}
7 & & & 6^{liv.} \quad 5^{s} \quad 7^{d} \ \tfrac{7}{27} \\
20 & & & \\
\hline
140 & & & \\
11 & & & \\
\hline
151 & & & \\
16 & & & \\
12 & & & \\
\hline
32 & & & \\
16 & & & \\
\hline
192 & & & \\
4 & & & \\
\hline
196 & & & \\
7 & & &
\end{array}
$$

Lorsqu'on est parvenu aux 6 livres qui doivent entrer dans le quotient, on convertit le reste 7 en sous, et on y joint les 11 qui sont écrits dans le dividende ; puis on divise le résultat 151 par le diviseur 27 ; on a 5 sous au quotient ; on multiplie le reste 16 par 12 pour le convertir en deniers ; on y joint les 4 du dividende ; on divise le total 196 par le diviseur 27 ; on a pour quotient 7 deniers, et la fraction $\tfrac{7}{27}$: le résultat complet est donc 6 liv. 5 sous 7 deniers $\tfrac{7}{27}$.

155. Enfin, quand le dividende et le diviseur sont tous deux complexes et d'espèces différentes, il faut convertir le dernier en fraction, comme on l'a indiqué dans le n° 144; et alors la règle donnée pour les fractions dans le n° 73, conduit à multiplier le dividende par le dénominateur du diviseur, et à diviser le produit, qui peut être un nombre complexe, par le numérateur du diviseur, qui est nécessairement incomplexe. Voici un exemple :

36 toises 5 pieds 6 pouces 8 lignes d'ouvrage ayant été payées 1374 liv. 12 sous 4 deniers, en déduire le prix de la toise?

Le diviseur converti dans les dernières subdivisions de son unité principale, produit 31904 lignes, et la toise contenant 864 lignes, on a $\frac{31904}{864}$ de toise pour la fraction qui le représente.

En multipliant d'abord le dividende 1374 liv. 12 sous 4 deniers par 864, d'après le procédé du n° 146, on trouve 1187668 liv. 16 sous, et l'on n'a plus qu'à diviser, comme dans le n° précédent, le nombre complexe 1187668 liv. 16 sous par le nombre incomplexe 31904, ce qui donne pour quotient 37 livres 4 sous 6 deniers $\frac{318}{997}$.

156. Il est à propos de remarquer que le dénominateur de la fraction que l'on obtient d'abord pour représenter le diviseur, est le nombre de parties de la plus petite valeur, contenues dans l'unité principale, ensorte qu'on peut énoncer ainsi la règle précédente :

Pour diviser un nombre complexe par un autre nombre complexe, il faut convertir le diviseur en parties de la plus petite valeur, multiplier le dividende par le nombre de parties de cette valeur contenues dans l'unité principale du diviseur et diviser le second résultat par le premier.

Cette règle s'appliquerait au cas développé dans le n° 153, si le dividende ne renfermait aucune partie de moindre valeur que la dernière du diviseur ; car multiplier alors le dividende par le nombre des parties de cette valeur contenues dans son unité principale, c'est le convertir dans ces parties.

157. On ne doit pas négliger les abréviations que peut offrir la conversion du diviseur en fraction, et la réduction de celle-ci à sa plus simple expression ; il en résulte souvent plus de facilité et de netteté dans les calculs.

La pratique réitérée de ces opérations suggère aussi des procédés particuliers qui simplifient le calcul, et que je ne saurais indiquer ici ; je me bornerai à montrer comment on convertit sur-le-champ les sous en livres.

Comme il s'agit pour cela de diviser par 20 le nombre de sous proposé, on le divise d'abord par 10, en séparant un chiffre sur sa droite, puis on prend la moitié de ceux qui sont à gauche, ce qui divise par 2, et donne par conséquent des livres. Lorsqu'il reste une unité, elle représente une dixaine de sous, et il faut la joindre au chiffre séparé sur la droite, qui exprime des sous.

C'est ainsi que 3579 sous produisent 357,9, puis 178$^{liv.}$ 19^{s}.

158. La comparaison des procédés que je viens de présenter successivement, est surement la meilleure preuve qu'on puisse donner de l'avantage que procureront les nouvelles mesures lorsqu'elles seront adoptées ; et quelqu'habitude qu'on ait du calcul des nombres complexes, on ne pourrait s'empêcher de sentir toute la commodité du calcul décimal, si l'on ne continuait pas à se servir des anciennes mesures, ce qui exige, pour chaque résultat, la conversion de ces mesures dans les nouvelles, opération toujours longue, absolument étrangère au système métrique, et qu'on s'obstine malgré cela à regarder comme inséparable de l'usage de ce système.

De quelques moyens employés pour abréger les calculs arithmétiques.

159. Lorsque l'on doit multiplier l'un par l'autre deux nombres très-considérables, il est commode de former d'abord les produits du multiplicande par chacun des chiffres du multiplicateur qui ne sont pas répétés. Soient pour exemple les nombres 2937487541 et 67431456. J'observe que le multiplicateur ne contient que les chiffres 1, 3, 4, 5, 6, 7; en multipliant successivement le multiplicande par chacun de ces chiffres, je forme la table

1	2937487541
2	5874975082
3	8812462623
4	11749950164
5	14687437705
6	17624925246
7	20562412787

dans laquelle je prends les produits du multiplicande par les chiffres 6, 5, 4, 1, 3, 4, 7 et 6 du multiplicateur, pour les placer dans le rang qu'ils doivent occuper, ainsi qu'on le voit ci-dessous, et je n'ai plus qu'une simple addition à effectuer.

$$
\begin{array}{l}
17624925246 \\
14687437705 \\
11749950164 \\
2937487541 \\
8812462623 \\
11749950164 \\
20562412787 \\
17624925246 \\
\hline
19807906187 1489696
\end{array}
$$

En suivant ce procédé, on ne peut avoir au plus que 9 produits à former, et le reste de l'opération se réduit à une simple addition.

160. On ramène la division à de simples soustractions, en faisant d'abord le produit du diviseur par les 9 premiers nombres. En effet, si l'on avait 453994781 2346 à diviser par 73809, et qu'on formât une table contenant les multiples du diviseur, savoir,

1	73809
2	147618
3	221427
4	295236
5	369045
6	442854
7	516663
8	590472
9	664281

on pourrait opérer comme il suit :

$$
\begin{array}{l|l}
4539947812346 & 73809 \\
442854\ldots\ldots & \overline{} \\
\hline
\quad.111407\ldots\ldots & 61509406\ \frac{64892}{73809} \\
\quad73809\ldots\ldots & \\
\hline
\quad375988\ldots.. & \\
\quad369045\ldots.. & \\
\hline
\quad\quad694312\ldots & \\
\quad\quad664281\ldots & \\
\hline
\quad\quad\quad300313.. & \\
\quad\quad\quad295236.. & \\
\hline
\quad\quad\quad\quad507746\ldots & \\
\quad\quad\quad\quad442854 & \\
\hline
\quad\quad\quad\quad\quad64892 &
\end{array}
$$

Chercher dans la table le multiple le plus approchant du nombre exprimé par les six premiers chiffres du dividende; ce multiple répondant à 6, donne 6 pour le premier chiffre du quotient. En le retranchant du dividende partiel, abaissant un chiffre de plus, et cherchant quel est le multiple le plus approchant du nouveau dividende partiel, on trouve 1 pour le second chiffre du quotient. On poursuit ainsi l'opération jusqu'à la fin, par des soustractions.

161. Quand on emploie les décimales pour arriver à un certain degré d'approximation, on peut abréger sensiblement la multiplication, en opérant comme on va le voir. Je suppose qu'il s'agisse de connaître, à moins d'un millième d'unité près, le produit des nombres 45,6259573 et 28,63549.

On observera qu'il est inutile de faire entrer dans le produit total les chiffres qui, dans les produits partiels, représentent des décimales d'un ordre plus élevé que les 100000mes, parce que la somme des colonnes qui renferment les décimales ultérieures et les retenues qui en résultent, ne peuvent influer sur les millièmes ; et alors pour avoir un produit composé de cent-millièmes, en partant du chiffre situé sur la gauche du multiplicateur, qui exprime ici des dixaines, il suffit de commencer la multiplication au chiffre 7 des millionièmes du multiplicande. Les chiffres qui suivent celui des dixaines vers la droite, exprimant des unités de dix fois en dix fois plus petites, on ne commencera à leur égard la multiplication que sur les chiffres 5, 9, 5, etc. qui suivent le chiffre 7 vers la gauche, parce que les cent-millièmes 5 du multiplicande multipliés par les unités 8 du multiplicateur, donneront des cent-millièmes, de même que les dix-millièmes du multiplicande par les dixièmes du multiplicateur, de même que les millièmes du multiplicande par les centièmes du multiplicateur, et ainsi de suite.

Pour ne pas se tromper dans le commencement de chaque multiplication partielle, on écrit sous le multiplicande les chiffres du multiplicateur, dans un ordre inverse, en plaçant celui des dixaines du second, sous les millionièmes du premier, comme on le voit ci-dessous.:

$$
\begin{array}{r}
456259575 \\
9453682 \\
\hline
91251914 \\
36500760 \\
2737554 \\
136875 \\
22810 \\
1824 \\
405 \\
\hline
130652142
\end{array}
$$

De cette manière, chaque chiffre du multiplicateur se trouve placé sous le chiffre du multiplicande par lequel on doit commencer la multiplication ; ensorte qu'on néglige ceux qui sont à la droite, et on écrit tous les produits dans les mêmes colonnes, puisqu'ils commencent tous par des unités de même ordre. En les réunissant, et séparant cinq décimales, puisque la dernière doit être des cent millièmes, on trouve 1306,52142 ; effaçant les deux derniers chiffres, on a 1306,521, résultat qui s'accorde jusqu'aux millièmes avec celui qu'on aurait obtenu par la multiplication effectuée à l'ordinaire, et qui serait 1306,521644004.

S'il arrivait que l'un des facteurs n'eût pas assez de chiffres pour établir la correspondance comme ci-dessus, on y suppléerait en mettant des zéros à la suite de ce facteur. Pour obtenir avec 2 décimales, par exemple, le produit des nombres 54,236 et 532,27, il faut les écrire ainsi :

$$
\begin{array}{r}
54236000 \\
72235 \\
\hline
271180000 \\
16270800 \\
1084720 \\
108472 \\
37961 \\
\hline
288681953
\end{array}
$$

On trouve pour le produit demandé 28868,20, en ajoutant une unité au dernier chiffre, parce que les deux qu'on supprime surpassent la moitié de cette unité, c'est-à-dire 50.

C'est une règle générale, lorsqu'on néglige quelques décimales, d'augmenter toujours de l'unité la dernière que l'on conserve, lorsque celles qu'on supprime surpassent la moitié de l'unité du dernier rang qu'on laisse subsister. Pour en appercevoir la raison, il suffit d'observer que 34,546, par exemple, est plus près de 34,55 que de 34,54.

Le procédé de la division est susceptible d'une abréviation analogue ; mais comme elle exige un plus grand nombre de précautions particulières pour être employée avec sureté, je ne m'y arrêterai pas.

162. On a vu dans les nᵒˢ 57, 79, le parti qu'on peut tirer de la décomposition des nombres en facteurs, pour simplifier les calculs relatifs aux fractions ; il est donc important de savoir opérer cette décomposition : l'exemple suivant montrera comment on y parvient.

Soit le nombre 360 : je le divise d'abord par 2, et j'ai pour quotient 180 ; je divise ce quotient par 2, et il vient 90, qui se divise encore par 2, et qui donne 45 : ainsi je vois déjà que 360 est égal à 2 par 2 par 2 par 45. Le nombre 45 n'étant plus divisible par 2, je le divise par 3, et j'ai 15, que je divise encore par 3, et qui donne 5, nombre premier qui ne peut être divisé que par lui-même ou par l'unité : 45 est donc égal à 3 par 3 par 5, et par conséquent 360, à

2 par 2 par 2 par 3 par 3 par 5.

Ces six facteurs étant des nombres premiers, sont les *facteurs simples* du nombre 360. Il est visible que tout nombre qui n'est pas premier, peut toujours ainsi se dé-composer en un certain nombre de facteurs simples ou premiers.

Pour former tous les diviseurs du nombre proposé, on écrit le quotient qui répond à chaque facteur, et ce facteur, sur deux colonnes, ainsi que le montre la table ci-dessous.

360	1	1
180	2	2
90	2	4
45	2	8
15	3	3 6 12 24
5	3	9 18 36 72
1	5	5 10 15 20 30 40 45 60 90 120 180 360.

Maintenant on voit à la troisième ligne que le nombre proposé a été divisé deux fois de suite par 2 ; il est donc divisible par le produit 2 par 2 ou par 4, que l'on écrira à côté de 2, à la troisième ligne. Le quotient 90 étant de nouveau divisé par 2, le nombre proposé

sera par conséquent divisible par 2 fois 4 ou par 8 ; on
écrira donc 8 à côté de 2 sur la quatrième ligne. Le quotient 45 écrit à la tête de cette ligne , étant ensuite
divisé par 3, le nombre proposé sera évidemment divisible par les produits de 3 multiplié par chacun des diviseurs précédens ; on formera donc sur la cinquième
ligne les nouveaux diviseurs composés 6, 12, 24. Continuant ainsi de multiplier le facteur simple de chaque
ligne par tous les diviseurs qui le précèdent, en observant de ne pas écrire deux fois le même, on aura tous
les diviseurs du nombre proposé.

163. Lorsqu'on est conduit par le calcul à une fraction dont le numérateur et le dénominateur sont un peu
grands, et n'ont cependant aucun facteur commun, on
cherche des valeurs approchées de cette fraction , qui
soient exprimées par des nombres plus simples, afin de
pouvoir s'en former une idée.

Si l'on a , par exemple , le nombre fractionnaire $\frac{1103}{887}$,
on en extrait d'abord les entiers, et il vient 1 et $\frac{216}{887}$.

Maintenant, pour se former une idée plus simple de la
fraction $\frac{216}{887}$, on cherche à la comparer à une partie de
l'unité, afin de n'avoir à envisager qu'un seul terme, et pour
cela on divise ses deux termes par 216 ; on trouve 1 pour
le quotient du numérateur, et $4\frac{23}{216}$ pour celui du dénominateur : ce dernier quotient, qui se trouve compris par
conséquent entre 4 et 5, apprend ainsi que la fraction
$\frac{216}{887}$ est entre $\frac{1}{4}$ et $\frac{1}{5}$. En s'arrêtant à ce point, on voit que
la seconde valeur approchée de l'expression $\frac{1103}{887}$ est 1
et $\frac{1}{4}$ ou $\frac{5}{4}$, mais que cette valeur est trop forte , car la
vraie valeur serait égale à 1 plus 1 divisé par 4 et $\frac{23}{216}$,
ce qui s'écrit ainsi : $1\ \dfrac{1}{4\frac{23}{216}}$.

Pour se former une idée exacte de l'expression $\dfrac{1}{4\frac{23}{216}}$,
il faut la considérer comme indiquant le quotient de l'en-

tier 1 divisé par l'entier 4 accompagné de la fraction $\frac{23}{216}$.

Si l'on divise les deux termes de $\frac{23}{216}$ par 23, le quotient sera $\dfrac{1}{9\frac{9}{23}}$; négligeant les $\frac{9}{23}$ qui accompagnent l'entier 9, il viendra $\frac{1}{9}$ seulement au lieu de $\frac{23}{216}$, et par conséquent $1\dfrac{1}{4\frac{1}{9}}$ sera une troisième valeur approchée de $\frac{1103}{887}$, valeur qui sera trop faible, parce que 9 étant moindre que le vrai quotient de 216 par 23, la fraction $\frac{1}{9}$ sera plus grande que celle qui doit accompagner 4, et que par conséquent le diviseur $4\frac{1}{9}$ sera plus grand que le diviseur exact $4\frac{23}{216}$, et le quotient $\dfrac{1}{4\frac{1}{9}}$ plus petit que le véritable.

En réduisant l'entier 4 avec la fraction qui l'accompagne, et faisant la division suivant le procédé du n° 74, il vient $\frac{9}{37}$; et on a 1 et $\frac{9}{37}$ ou $\frac{46}{37}$ pour la troisième valeur approchée de $\frac{1103}{887}$.

L'expression exacte de cette valeur étant

$$1\dfrac{1}{4\dfrac{1}{9\frac{9}{23}}},$$

si on divise les deux termes de $\frac{9}{23}$ par 9, on aura

$$1\dfrac{1}{4\dfrac{1}{9\frac{1}{2\frac{5}{9}}}};$$

négligeant la fraction $\frac{5}{9}$, il restera

$$1\dfrac{1}{4\dfrac{1}{9\frac{1}{2}}},$$

valeur trop forte ; car la fraction $\frac{1}{2}$ étant plus grande que $\dfrac{1}{2\frac{5}{9}}$ dont elle tient la place, elle formera, en se joignant à 9, un dénominateur trop grand ; la fraction à joindre à 4 sera alors trop petite, et le dernier dénominateur étant trop faible rendra la dernière fraction trop forte.

En

En réduisant d'abord $9\frac{1}{2}$ en fraction, il viendra $\frac{19}{2}$; $\cfrac{1}{9\frac{1}{2}}$ sera donc $\frac{2}{19}$; et la valeur approchée deviendra $1\cfrac{1}{4\frac{2}{19}}$: or $\cfrac{1}{4\frac{2}{19}}$ donne $\frac{19}{78}$; en y ajoutant l'unité, il vient $1\frac{19}{78}$, ou $\frac{97}{78}$ pour une quatrième valeur approchée de $\frac{1103}{887}$.

Reprenant l'expression

$$1\cfrac{1}{4\cfrac{1}{9\cfrac{1}{2\frac{5}{9}}}},$$

je divise les deux termes de la dernière fraction $\frac{5}{9}$ par 5, il vient $\cfrac{1}{1\frac{4}{5}}$ et $1\cfrac{1}{4\cfrac{1}{9\cfrac{1}{2\cfrac{1}{1\frac{4}{5}}}}}$;

négligeant la fraction $\frac{4}{5}$, il restera

$$1\cfrac{1}{4\cfrac{1}{9\cfrac{1}{2\frac{1}{1}}}};$$

et on verrait comme ci-dessus que cette valeur est plus faible que la valeur exacte.

La fraction $\cfrac{1}{2\frac{1}{1}}$ se réduit à $\frac{1}{3}$; puis la suivante $\cfrac{1}{9\frac{1}{3}}$ donnant $\frac{3}{28}$, celle d'après se change en $\cfrac{1}{4\frac{3}{28}}$, égale à $\frac{28}{115}$; ensorte que la 5e valeur approchée est $1\frac{28}{115}$ ou $\frac{143}{115}$.

Divisant enfin par 4 les deux termes de la fraction $\frac{4}{5}$ qui a été négligée ci-dessus, j'ai pour quotient $\cfrac{1}{1\frac{1}{4}}$; et en supprimant d'abord la fraction $\frac{1}{4}$, j'obtiens la nouvelle valeur

$$1\cfrac{1}{4\cfrac{1}{9\cfrac{1}{2\cfrac{1}{1\frac{1}{3}}}}},$$

plus forte que la véritable.

Si on en réduit successivement tous les dénominateurs

en fraction, pour obtenir la fraction simple qu'elle représente, on trouvera

$$1 \tfrac{47}{193} \text{ ou } \tfrac{240}{193}.$$

En restituant la fraction $\tfrac{1}{4}$ à côté du dernier dénominateur, on forme l'expression

$$1 \cfrac{1}{4 \cfrac{1}{9 \cfrac{1}{2 \cfrac{1}{1 \cfrac{1}{1 \ \tfrac{1}{4}}}}}},$$

qui, étant réduite comme les précédentes, reproduit le nombre fractionnaire $\tfrac{1103}{887}$.

On opérerait de même sur toute autre fraction, et on en tirerait une suite de valeurs approchées, alternativement plus grandes et plus petites que sa véritable valeur, si c'es une fraction proprement dite, ou alternativement plus petites et plus grandes, si, comme dans l'exemple précédent, le numérateur surpasse le dénominateur.

Les développemens que je viens de trouver pour l'expression $\tfrac{1103}{887}$, sont des *fractions continues*, que l'on peut en général définir ainsi : *Des fractions dont le dénominateur est composé d'un entier plus une fraction, laquelle a encore pour dénominateur un entier plus une fraction, et ainsi de suite.* Cette espèce de fractions jouit de beaucoup de propriétés importantes, pour lesquelles je renvoie au *Complément des Elémens d'Algèbre*.

Tables calculées par M. Haros, pour la conversion des mesures anciennes en nouvelles, et réciproquement.

EXEMPLES DE L'USAGE DE CES TABLES.

Chaque colonne contient, en première ligne, la valeur de la mesure désignée dans le titre de la colonne, et ensuite les produits de cette valeur par les nombres écrits dans la colonne marquée *IV*.

Il y a partout cinq décimales, mais dans l'usage ordinaire on peut se borner à trois.

Convertir 8 toises 5 pieds 7 pouces, en mètres.

8^t valent........ 15^m,592
5^{pi} .... 1 ,624
7^{po} .... 0 ,189
Somme..... 17^m,405

Rép. 17 mètres 40 centimètres.

Convertir 89 aunes $\frac{3}{4}$ de Paris, en mètres.

$80^{aun.}$ valent..... 95^m,076
9............... 10 ,696
$\frac{3}{4}$ .... 0 ,891
Somme........ 106^m,663

Rép. 106 mètres 66 centimètres.

Convertir 218 arpens (eaux et forêts) en hectares.

$200^{arp.}$ valent $102^{hect.}$,144
10 .... 5 ,107
8 .... 4 ,086
Somme ... $111^{hect.}$,337

Rép. 111 hect. 34 ares environ.

Convertir 3050 livres (de poids) en kilogrammes.

$3000^{liv.}$ valent $1468^{kilog.}$,52
50 .... 24 ,48
Somme.... $1493^{kilog.}$,00

Rép. 1493 kilogrammes.

Les mêmes tables peuvent donner le prix de la nouvelle unité d'une matière par celui de l'ancienne unité, exprimé en francs. Par exemple, l'aune de drap coûtant 37^{fr},50°, il est visible que si l'on connaissait l'expression du mètre en aune, il n'y aurait qu'à multiplier cette expression par 37,5 ce qui reviendrait à convertir 37^m,5 en aunes et parties décimales de l'aune; mais il faudrait compter le résultat pour des francs. Voici le calcul de cet exemple.

Par la table qui convertit les mètres en aunes :

30^m valent.................. $25^{aun.}$,243
7 .... 5 ,890
0 ,5 .... 0 ,421
37^m,5.................. $31^{aun.}$,554

et prenant ce résultat pour des francs, on trouve 31 fr. 55 cent. pour le prix du mètre de drap.

Lorsqu'on veut convertir les nouvelles mesures dans les anciennes, on n'obtient, par les tables suivantes, que des entiers et des fractions décimales, et il reste à convertir ces fractions en subdivisions propres à chaque espèce de mesure.

TABLE pour réduire un nombre quelconque de mesures *linéaires* anciennes, en mesures nouvelles, et réciproquement.

148 — TRAITÉ ÉLÉMENTAIRE

N.	Lieues terrestr. en kilomèt.*	Lieues marines en kilom.**	Toises en mètres.	Pieds en mètres.	Pouces en mètres.	Lignes en mètres.	N.	Aunes en mètres.***	N.	Fractions d'aune en mètres.	N.	Fractions d'aune en mètres.	N.	Fractions d'aune en mètres.
1	4,4444	5,5556	1,94904	0,32484	0,027070	0,002256	1	1,18845	$\frac{1}{2}$	0,594	$\frac{5}{8}$	0,743	$\frac{7}{16}$	0,520
2	8,8889	11,1111	3,89807	0,64968	0,054140	0,004512	2	2,37689	$\frac{1}{3}$	0,396	$\frac{7}{8}$	1,040	$\frac{9}{16}$	0,669
3	13,3333	16,6667	5,84711	0,97452	0,081210	0,006768	3	3,56534	$\frac{2}{3}$	0,792	$\frac{1}{12}$	0,099	$\frac{11}{16}$	0,817
4	17,7778	22,2222	7,79615	1,29936	0,108280	0,009024	4	4,75378	$\frac{1}{4}$	0,297	$\frac{5}{12}$	0,495	$\frac{13}{16}$	0,966
5	22,2222	27,7778	9,74519	1,62420	0,135350	0,011280	5	5,94223	$\frac{3}{4}$	0,891	$\frac{7}{12}$	0,693	$\frac{15}{16}$	1,114
6	26,6667	33,3333	11,69422	1,94904	0,162419	0,013536	6	7,13068	$\frac{1}{6}$	0,198	$\frac{11}{12}$	1,089		
7	31,1111	38,8889	13,64326	2,27388	0,189489	0,015792	7	8,31912	$\frac{5}{6}$	0,990	$\frac{1}{16}$	0,074		
8	35,5556	44,4444	15,59230	2,59872	0,216559	0,018048	8	9,50757	$\frac{1}{8}$	0,149	$\frac{3}{16}$	0,223		
9	40,0000	50,0000	17,54133	2,92356	0,243629	0,020304	9	10,69601	$\frac{3}{8}$	0,446	$\frac{5}{16}$	0,371		
10	44,4444	55,5556	19,49037	3,24840	0,270699	0,022560	10	11,88446						

N.	Kilomètres en lieues terrestres.	Kilom. en lieues mar.	Mètres en toises.	Mètres en pieds.	Mètres en pouces.	Mètres en lignes.	N.	Mètres en aunes de Par.
1	0,225	0,18	0,51307	3,07844	36,9413	443,296	1	0,84144
2	0,450	0,36	1,02615	6,15689	73,8827	886,592	2	1,68287
3	0,675	0,54	1,53922	9,23533	110,8240	1329,888	3	2,52431
4	0,900	0,72	2,05230	12,31378	147,7653	1773,184	4	3,36574
5	1,125	0,90	2,56537	15,39222	184,7067	2216,480	5	4,20718
6	1,350	1,08	3,07844	18,47066	221,6480	2659,775	6	5,04861
7	1,575	1,26	3,59152	21,54911	258,5893	3103,071	7	5,89005
8	1,800	1,44	4,10459	24,62755	295,5306	3546,367	8	6,73148
9	2,025	1,62	4,61767	27,70600	332,4720	3989,663	9	7,57292
10	2,250	1,80	5,13074	30,78444	369,4133	4432,959	10	8,41435

* La lieue de 25 au degré vaut 2280$^{tois.}$,33 d'après le mètre définitif.

** La lieue marine de 20 au degré vaut 2850$^{tois.}$,41.

*** L'aune de Paris vaut 3 pieds 7 pouces 10 lignes $\frac{5}{7}$.

TABLE pour réduire un nombre quelconque de mesures *agraires* anciennes, en mesures nouvelles, et réciproquement.

N.	Toises quar. en mètres quarr.	Pieds quar. en mètres quarr.	Pouces quar. en mètres quarr.	Lignes quar. en mètres quarr.	N.	Lieues quarrées en myriamètres quarrés.	Lieues quarrées en myriares.	Arp. Eaux et For. en hec. ou perches quarrées en ares.	Arp. de Paris en hectares ou perch. quarrées en ares.
1	3,798744	0,105521	0,00073278	0,000005089	1	0,1975309	19,75309	0,510720	0,341887
2	7,597487	0,211041	0,00146556	0,000010178	2	0,3950617	39,50617	1,021440	0,683774
3	11,396231	0,316562	0,00219834	0,000015267	3	0,5925926	59,25926	1,532160	1,025661
4	15,194975	0,422083	0,00293112	0,000020356	4	0,7901234	79,01234	2,042880	1,367548
5	18,993718	0,527604	0,00366390	0,000025445	5	0,9876543	98,76543	2,553600	1,709435
6	22,792462	0,633124	0,00439668	0,000030534	6	1,1851852	118,51852	3,064320	2,051322
7	26,591205	0,738645	0,00512946	0,000035623	7	1,3827160	138,27160	3,575040	2,393209
8	30,389949	0,844166	0,00586224	0,000040712	8	1,5802469	158,02469	4,085760	2,735096
9	34,188693	0,949686	0,00659502	0,000045801	9	1,7777777	177,77777	4,596480	3,076983
10	37,987436	1,055207	0,00732780	0,000050890	10	1,9753086	197,53086	5,107200	3,418870

N.	Mètres quar. en toises quarr.	Mètres quar. en pieds quarrés.	Mètres quar. en pouces quarr.	Mètres quar. en lignes quarr.	N.	Myriamètres quarrés en lieues quarrées.	Myriares en lieues quarrées.	Hectares en arp. Eaux et F. ou ares en perches quarrées.	Hectares en arp. de Paris, ou ares en perches quarrées.
1	0,263245	9,47682	1364,66	196511	1	5,0625	0,050625	1,958020	2,924943
2	0,526490	18,95363	2729,32	393023	2	10,1250	0,101250	3,916040	5,849886
3	0,789735	28,43045	4093,99	589534	3	15,1875	0,151875	5,874060	8,774829
4	1,052980	37,90726	5458,65	786045	4	20,2500	0,202500	7,832080	11,699772
5	1,316225	47,38408	6823,31	982557	5	25,3125	0,253125	9,790100	14,624715
6	1,579469	56,86090	8187,97	1179068	6	30,3750	0,303750	11,748120	17,549658
7	1,842714	66,33771	9552,63	1375579	7	35,4375	0,354375	13,706140	20,474601
8	2,105959	75,81453	10917,30	1572090	8	40,5000	0,405000	15,664160	23,399544
9	2,369204	85,29134	12281,96	1768602	9	45,5625	0,455625	17,622180	26,324487
10	2,632449	94,76816	13646,62	1965113	10	50,6250	0,506250	19,580200	29,249430

TABLE pour réduire un nombre quèlconque de mesures *cubiques* anciennes, en mesures nouvelles, et réciproquement.

N.	Toises cubes en mètres cubes.	Pieds cubes en mètres cubes.	Pouces cubes en mètres cubes.	Lignes cubes en mètres cubes.	N.	Cordes de bois, Eaux et Forêts, en stères.	Solives (charpente) en stères ou mètres cubes.
1	7,40389	0,0342773	0,000019836	0,00000001148	1	3,8391	0,10283
2	14,80778	0,0685545	0,000039673	0,00000002296	2	7,6781	0,20566
3	22,21167	0,1028318	0,000059509	0,00000003444	3	11,5172	0,30850
4	29,61556	0,1371090	0,000079346	0,00000004592	4	15,3562	0,41133
5	37,01945	0,1713863	0,000099182	0,00000005740	5	19,1953	0,51416
6	44,42334	0,2056636	0,000119018	0,00000006888	6	23,0343	0,61699
7	51,82723	0,2399408	0,000138855	0,00000008036	7	26,8734	0,71982
8	59,23112	0,2742181	0,000158691	0,00000009184	8	30,7124	0,82265
9	66,63501	0,3084953	0,000178528	0,00000010332	9	34,5515	0,92549
10	74,03890	0,3427726	0,000198364	0,00000011480	10	38,3905	1,02832

N.	Mètres cubes en toises cubes.	Mètres cubes en pieds cubes.	Mètres cubes en pouces cubes.	Mètres cubes en lignes cubes.	N.	Stères en cordes de bois, Eaux et Forêts.	Mètres cubes en solives.
1	0,135064	29,1739	50412,42	87112655	1	0,26048	9,7246
2	0,270128	58,3477	100824,83	174225310	2	0,52096	19,4492
3	0,405192	87,5216	151237,25	261337965	3	0,78144	29,1739
4	0,542057	116,6954	201649,66	348450619	4	1,04192	38,8985
5	0,675321	145,8693	252062,08	435563274	5	1,30241	48,6231
6	0,810385	175,0431	302474,50	522675929	6	1,56289	58,3477
7	0,945449	204,2170	352886,91	609788584	7	1,82337	68,0923
8	1,080513	233,3908	403299,33	696901239	8	2,08385	77,7970
9	1,215577	262,5647	453711,74	784013894	9	2,34433	87,5216
10	1,350641	291,7385	504124,16	871126549	10	2,60481	97,2462

N.	Pintes de Paris en litres.	Muids de vin de Paris en hectolitr.	Septiers de blé de Par. en hectolitr.	Boisseaux en litres.	Litrons en litres.
1	0,9313	2,6822	1,5610	13,008	0,8130
2	1,8626	5,3644	3,1220	26,017	1,6260
3	2,7940	8,0466	4,6830	39,025	2,4391
4	3,7253	10,7288	6,2440	52,033	3,2521
5	4,6566	13,4110	7,8050	65,042	4,0651
6	5,5879	16,0932	9,3660	78,050	4,8781
7	6,5192	18,7754	10,9270	91,058	5,6911
8	7,4506	21,4576	12,4880	104,066	6,5042
9	8,3819	24,1398	14,0490	117,075	7,3172
10	9,3132	26,8220	15,6100	130,083	8,1302

N.	Litres en pint. de Par.	Hectolit. en muids de vin de Paris.	Hectolit. en sept. de blé de Paris.	Litres en boisseaux.	Litres en litrons.
1	1,0737	0,3728	0,6406	0,07687	1,2300
2	2,1475	0,7457	1,2812	0,15375	2,4600
3	3,2212	1,1185	1,9219	0,23062	3,6900
4	4,2950	1,4913	2,5625	0,30750	4,9199
5	5,3687	1,8642	3,2031	0,38437	6,1499
6	6,4424	2,2370	3,8437	0,46124	7,3799
7	7,5162	2,6098	4,4843	0,53812	8,6099
8	8,5899	2,9826	5,1250	0,61499	9,8399
9	9,6637	3,3555	5,7656	0,69187	11,0699
10	10,7374	3,7283	6,4062	0,76874	12,2998

N.	Livres en kilogramm.	Onces en kilogramm.	Gros en kilogramm.	Grains en kilogramm.	Quintaux en myriagram.
1	0,48951	0,03059	0,003824	0,0000531	4,8951
2	0,97901	0,06119	0,007648	0,0001062	9,7901
3	1,46852	0,09178	0,011472	0,0001593	14,6852
4	1,95802	0,12238	0,015296	0,0002124	19,5802
5	2,44753	0,15297	0,019120	0,0002655	24,4753
6	2,93704	0,18356	0,022944	0,0003186	29,3704
7	3,42654	0,21416	0,026768	0,0003717	34,2654
8	3,91605	0,24475	0,030592	0,0004248	39,1605
9	4,40555	0,27535	0,034416	0,0004779	44,0555
10	4,89506	0,30594	0,038240	0,0005310	48,9506

N.	Kilogramm. en livres.	Kilogramm. en onces.	Kilogramm. en gros.	Kilogramm. en grains.	Myriagram. en quintaux.
1	2,04288	32,686	261,49	18827,15	0,20429
2	4,08575	65,372	522,98	37654,30	0,40858
3	6,12863	98,058	784,46	56481,45	0,61286
4	8,17150	130,744	1045,95	75308,60	0,81715
5	10,21438	163,430	1307,44	94135,75	1,02144
6	12,25726	196,116	1568,93	112962,90	1,22573
7	14,30013	228,802	1830,42	131790,05	1,43001
8	16,34301	261,488	2091,90	150617,20	1,63430
9	18,38588	294,174	2353,39	169444,35	1,83859
10	20,42876	326,860	2614,88	188271,50	2,04288

Caractères usités pour désigner les anciennes mesures.

Pour les monnaies :

_livre tournois,   ſ sou,   ꝺ denier.

Pour le temps :

j jour,   ʰ heure,   ′ minute,   ″ seconde.

Pour les poids :

℔ livre,   M marc,   O ou ℥ once,   G ou ʒ gros ou dragme,   D ou ꝺ denier scrupule,   G grain.

Observations. Le denier ou scrupule vaut le $\frac{1}{3}$ du gros ou 24 grains.

Mesures de longueur.

ᵗtoise,   ᵖⁱ pied,   ᵖᵒ pouce,   ˡ ligne,   ᵖᵗ point.

Observations. Les distances se mesurent quelquefois en pas ordinaires estimés 2 ᵖⁱ $\frac{1}{2}$, et en pas géométriques ou brasses de 5 ᵖⁱ.

Dimensions exactes de la terre.

Le rayon de l'équateur est de 3 271 208 toises.

Le demi-axe, ou la distance du centre au pôle, est de 3 261 443 toises.

La distance du pôle à l'équateur, mesurée sur le méridien de Paris, est de 5 130 740 toises.

Le degré terrestre, qui est la 90ᵉ partie, vaut donc 57 008 toises.

L'arc terrestre de une minute, est donc d'environ 950 toises.

Sur l'application de l'Arithmétique à la Banque
et au Commerce.

A en juger par le grand nombre de règles ou formules que renferment les Traités d'Arithmétique destinés aux banquiers et aux négocians, on croirait qu'il y a pour ces professions une Arithmétique particulière, tandis que toute la difficulté de l'application des règles ordinaires ne repose que sur l'intelligence des termes techniques introduits par l'usage et assez souvent sans nécessité. Quand ces termes sont bien expliqués, quelque calculateur que ce soit rendra toujours, en nombre, la véritable réponse aux diverses questions qu'on pourra lui proposer.

L'escompte et le *change* sont les opérations les plus usuelles de la banque; on a vu (120) comment l'escompte devrait s'effectuer, d'après le but qu'on se propose; mais les premiers qui l'ont pratiqué ont trouvé plus simple de prélever l'intérêt de la somme entière, comme si c'était cette somme même qu'ils avançassent. Dans l'exemple cité, l'intérêt de 800 fr., à 4 p. $\frac{o}{o}$, serait de 32 fr.; ainsi le porteur du billet ne toucherait que 768 *francs*, au lieu de 769 fr. 23 c. : pour cette dernière somme, l'escompte est pris en *dehors*, pour l'autre, il l'est en *dedans*.

En général, dans les transactions, toute somme dont on ne pourra disposer que dans un temps futur, a une valeur réelle moindre que sa valeur nominale, à cause de l'intérêt qu'elle rapporte, à compter du moment où on la possède ; et par conséquent la jouissance anticipée d'une somme augmente sa valeur réelle : de là vient que pour comparer des sommes payables à diverses époques, il faut tenir compte de l'intérêt qu'elles sont censées produire à celui qui en dispose. Les règles du n° 120 sont suffisantes pour cet objet, toutes les fois que l'intervalle de temps n'excède pas un an, et qu'on n'accumule pas l'intérêt avec le capital; dans le cas contraire, il faut employer les formules relatives à l'*intérêt composé*, rapportées à la fin de mes *Élémens d'Algèbre*.

Le change, qui sert à éviter le transport du numéraire, en compensant, les unes par les autres, les dettes que contractent réciproquement des négocians de divers pays, conduit à un calcul dont le but est toujours de trouver ce qu'une somme payable dans une place de commerce, vaut dans une autre, soit par le rapport de deux sommes regardées comme équivalentes dans les monnaies de ces places, soit par une suite de rapports formés de sommes équivalentes, prises dans les monnaies de diverses places, communiquant les unes avec les autres. Le n° 138 offre un exemple général, dont les formules particulières ne diffèrent que par la suppression des divers facteurs qui, dans chaque cas, peuvent être communs au numérateur et au dénominateur des rapports comparés. Les sommes équivalentes qui forment ces rapports sont énoncées chaque jour dans les papiers publics, parce qu'elles varient suivant les circonstances; mais ces changemens ne font rien à l'esprit du procédé désigné sous le nom de *règle conjointe*.

A l'égard des opérations de commerce, on trouve dans le n° 124 tout ce qu'il faut pour partager les bénéfices ou les pertes résultantes d'une association quelconque; les *droits de commission*, les *retenues*, les *bonifications*, etc. s'évaluant à *tant p. $\frac{o}{o}$*, comme l'intérêt, se calculent de même; les *taxes*, les *impôts* ont des rapports avec les valeurs des marchandises, ou sont établis sur l'unité, soit de poids, soit de volume, et peuvent se conclure, pour des quantités quelconques, au moyen des proportions et des fractions.

Enfin, la *tenue des livres* n'est que la manière de disposer les états des valeurs fournies et des valeurs reçues par le négociant, dans un ordre tel qu'on puisse à chaque instant comparer les unes aux autres, pour en connaître la différence et établir ainsi la *balance* entre ce qu'il a et ce qu'il doit.

COMPARAISON *de quelques mesures étrangères, avec les nouvelles mesures françaises.*

MESURES LINÉAIRES.	Millim.	POIDS.	Gram.
Ancien pié français......	324,7	Liv. poids de marc.......	489,2
Pié anglais.............	304,7	Angl. { livre troy.......	372,6
Vare de Castille	836,6	Angl. { avoir du poise...	453,1
Pié du Rhin...........	313,9	Castille	459,4
De Vienne............	316,0	Cologne...............	467,4
D'Amsterdam.........	283,0	Vienne	558,6
De Suède............	297,1	Amsterdam............	491,4
De Russie............	354,1	Suède	424,6
De la Chine..........	320,0	Russie	409,5

VALEUR *des Monnaies étrangères, d'après* M. BONNEVILLE (*).

Le *titre* (la quantité d'argent ou d'or) est exprimée en millièmes de la pièce.

	TITRE.	VALEUR.
ANGLETERRE.		
Couronne [Crown] à 5 shellings	0,917	6f. 02c.
Shelling	0,920	1 20
Guinée de Georges III..............	0,917	26 26
AUTRICHE ET BOHÊME.		
Double souverain d'or..............	0,915	34 89
Speicies reichsthaler...............	0,830	5 10
Florin [Gulden] à 60 kreutzer.......	0,833	2 56
10 kreuzers......................	0,486	0 41
Ducat de Francois II [or]..........	0,986	11 69
Carolin [or] de Bavière	0,771	25 74
Max. d'or *idem*...................	0,768	16 95
Florin d'or d'Hanovre..............	0,781	8 69
HOLLANDE.		
Florin	0,913	2 10
Ducats [or].....................	0,979	11 61
Ruyder [or]	0,917	31 28
Ducaton [argent]	0,934	6 65
Daler............................	0,861	5 30
DANEMARCK ET HOLSTEIN.		
Species reichsthaler	0,875	5 55
Christian d'or [Chrétien d'or] dep. 1775.	0,905	20 80

(*) Voyez l'Annuaire publié par le Bureau des Longitudes.

ÉTAT ÉCCLÉSIASTIQUE.	TITRE.	VALEUR.	
Scudo de Pie VI.....................	0,913	5f.	29c.
Testone *idem*........................	0,913	1	58
Papeto *idem*........................	0,906	1	03
Paolo *idem*........................	0,913	0	53
Zecchino *ou* sequin [or] *idem*........	0,996	11	63
Doppie depuis 1775 *idem*	0,909	17	25
ESPAGNE.			
Piastre, depuis 1772..................	0,896	5	29
Pesetas à 4 réaux....................	0,813	1	04
Real nuevo à 2 réaux.................	0,809	0	52
Real de Vellon	0,809	0	26
Pistole, depuis 1772 [or]...........	0,863	20	69
Escudillos, depuis 1786 [or].........	0,885	5	33
GÈNES.			
Zecchino............................	0,995	11	80
RÉPUBLIQUE HELVÉTIQUE.			
Ecu de Bâle à 39 batzen..............	0,833	4	23
Florin de Bâle à 15 batzen...........	0,833	2	11
Ecu de Zuric à 2 florins.............	0,844	4	67
Florin de Zuric à 40 shellings........	0,840	2	34
Ducat............................	0,978	11	59
NAPLES.			
Scudo à 20 grani, depuis 1784........	0,840	5	04
Ducato à 100 grani, depuis 1784......	0,840	4	18
Pièce de 6 ducati de Ferdinand IV...	0,845	25	59
PARME.			
Ducato, depuis 1784.................	0,906	5	10
PORTUGAL.			
Crusado à 480 rees..................	0,896	2	86
Dobraons...........................	0,917	169	12
Dobras............................	0,915	89	97
Mille rees [or].....................	0,913	8	16
PRUSSE.			
Reichsthaler à 24 groschen...........	0,740	3	59
Frédéric d'or.......................	0,901	20	54
RAGUSE.			
Visline ou ragusine..................	0,576	3	60
ROME.			
Scudo..............................	0,906	5	27
Zecchino *ou* sequin..................	0,996	11	63
Testone............................	0,903	1	56

	TITRE.	VALEUR.
RUSSIE.		
Rouble à 100 kopeck, depuis 1762.....	0,875	4f. 01c.
Impérial à 10 roubles [papier-monnaie].	0,969	28 64
SARDAIGNE.		
Scudo à 2 lire ½.....................	0,896	4 60
Lira.................................		1 84
Carlino à 25 lire....................	0,890	49 03
SAVOIE ET PIÉMONT.		
Scudo à 6 lire, depuis 1755..........	0,906	6 96
Lira.................................		1 16
SAXE.		
Species reichsthaler à 32 groschen......	0,833	5 11
Gulden [Florin].....................	0,830	2 55
Auguste d'or........................	0,898	20 43
SICILE.		
Scudo à 12 tari.....................	0,826	4 94
Onzia [or] 1751.....................	0,859	13 00
SUÈDE.		
Species daler à 48 shellings, depuis 1777.	0,875	5 62
Ducat, depuis 1777..................	0,977	11 58
TOSCANE.		
Francesconi ou Leopoldini à 10 paoli...	0,913	5 48
Lira.................................	0,953	0 82
Ruspono............................	0,997	35 65
Zecchino ou Ruspo.................	0,999	11 84
TURQUIE.		
Piastre à 40 paras..................	0,500	2 09
Zeri mahoub, depuis 1781...........	0,803	6 45
Fonduc, depuis 1769................	0,799	9 47
VENISE.		
Ducato à 8 lire.....................	0,816	4 04
Scudo della croze à 12,4 lire..........	0,947	6 51
Talero à 10 lire....................	0,826	5 19
Zecchino............................	0,997	11 82
Ducato d'oro.......................	0,996	7 47
Osella à 3,9 lire...................	0,948	2 03
ÉTATS-UNIS D'AMÉRIQUE.		
Le dollar...........................	0,875	5 16

FIN.

9 782013 597098